靭化」批判

公共事業のあるべき「未来モデル」とは

五十嵐敬喜

岩波ブックレット No. 883

はじめに

二〇一二年暮れの民主党から自民・公明党への政権交代は、政策の異なる二つの政党により「政権交代」していくという政治構造がもうしばらくはありえないのではないかと思わせるほど、圧倒的な形で力を見せつけるものであった。国レベルだけではない、自治体、組合、市民、日本中から抵抗勢力が消えかかっている。自民党安倍晋三政権はこの「大勝」に乗じて、戦後レジームのシンボルとしての憲法九六条の改憲手続き条項と同九条の戦争放棄条項を変えようとしている。憲法改正を具体的な俎上に載せるという現在の安倍政治は、おそらく改憲勢力の戦後最大級のピークを迎えているといってよいものであろう。これを支えているのが「アベノミクス」であり、その「三本の矢」である金融緩和、財政出動そして成長戦略は、支持率六〇%を超すという異様な人気の源泉となった。

本書はこの中で、財政出動すなわち「国土強靭化」の名による公共事業の復活と強化について、その内実を批判的に検討し、対案を提示しようというものである。

この政策は、ダイレクトに首都直下型や南海トラフ地震発生の危機を強調し、これをバネにして一〇年間で二〇〇兆円という膨大な費用を投入しようとしていること、さらにこの危機対応としてまるで戦前の「国家総動員」とでもいうような仕掛けが施されていることに特色がある。もともと東日本大震災後の二〇一二年六月に野党時代の自民党が二階俊博衆議院議員を代表とし、議員立法により「国土強靭化基本法案」(以下、前法案という)を提案していたが、政権交代後の二〇一三年五月、改めて自民・公明の議員立法により「防災・減災等に資する国土強靭化基本法案」(以下、現法案という)として国会に上程された。これは二〇一三年七月の参議院選挙の重要な「公約」にして選挙を戦う、という決意の表明でもあり、これまでの自民党小泉政権時代の市場の自由による公共事業の削減や、民主党の「コンクリートから人へ」の歩みを、一挙に逆転させて、小渕時代の公共事業の大盤振る舞い、さらにはそれを超えて、かの田中角栄の日本列島改造時代へと逆戻りするような印象を与えるものである。

日本はかつての人口爆発と高度経済成長から、人口減社会と安定成長時代へと移行する。確かに東日本大震災に見られるように、日本は災害列島の不安を抱かざるを得ない状況となっている。また、これまでに営々と積み上げられてきたインフラの老朽化対策や整備も不可欠であることは言うまでもない。私たちもこのような新しい時代を迎えて、国土強靭化とは全く異なる「新たな公共事業政策」をつくらなければならない。

しかしその解答は極めて難しい。正確に言えば、いろいろなアイデアを挙げることは可能であるが、これを政策化し実現していくということがいかにもおぼつかないのである。端的に、何と言っても今後およそ一〇〇年の間に人口が現在の三分の一の四〇〇〇万人（なお、江戸時代は三〇〇〇万人）になるということの意味をリアルに把握し、しかもこのイメージを多くの国民が共有するということははたして可能であろうか。一〇〇年後の日本がどのようになっているのか正直、想像することができるだろうか。さらに、そのようなイメージに基づく政策とはどのようなものであるか。

当然のことながら、その政策は従来の政策とは根本的に異なる。その政策をつくり実行していくということは、既存のシステムの中で利害を構築してきた人々に大打撃を与えるということでもある。既得権益側にとって、そのような改革は禁忌に違いない。

一方の改革を志向する側も、改革するとはそれを言い募るだけでなく、国会で多数を握り、一つひとつの法律を改正すること（多分、その数は一〇〇本を下らないだろう）、予算の根本的な再構築（日本の財政危機のもとでは、今後新たな借金は不可能であり、消費税のように国民負担が増える)、そして公務員を含む実行部隊として新たな組織編成が必要・必然となってくる。これを実行するためには、私たちは断固たる政府をつくらなければならない。

本書ではこのような発想を「政策型思考」として採用した(第一章参照)。これは、私たち国民がなぜ民主党政権を成長させるどころか、いかにも脆く崩壊させてしまったかという「問い」に対する筆者のある種の回答でもある。政策型思考を身につけなければ、私たち国民は、政策はもちろん、これを遂行していく政府を持つことはできない。そのためにはまず国民は自らの手でそれを実践しなければならないのである。そしてそのような手がかりを、実はやや逆説的に言えば「遅れている復興」の中に摑むことができるのではないか。

東日本大震災は一〇〇〇年に一度という、日本史上最悪の災害であった。原子炉の爆発と放射能汚染は、震災後二年半がたった今でも一五万人を超える避難者を生み、原発再稼働をめぐって政治が混迷し、さらに、汚染水問題ひとつとっても、廃炉に至る道筋は糸口すら見いだせないという最悪の事態となっている。例のごとく、日本国民のいわば「忘却病」というべき「無関心」の増大も気になる。その中で、自力で懸命に頑張っている被災者がいる。

「被災地」は、筆者の文脈で言えば人口減社会を先取りしていた地域であった。復興の遅れは本書で見るような膨大な政府の政策にもかかわらず、その未来やまちづくりが見えないことが大きな原因となっている。復興は防潮堤や道路、あるいは区画整理といった大型公共事業(国土強靱化)にのみ向けられ、被災者に届いていない。被災地はどこも、そのような大型事業よりも、「住宅の確保」による「明日」のささやかな安定した生活の保障を待望しているのである。

「絆」を妨げる数々の差別の中で、これを自力で修復し乗り越えようとしている人たちがいた。筆者はこのような人々の思想と営みを「総有と市民事業」という形で総括したい。被災地での営みは今後日本の人口減社会のモデルとなる。「総有と市民事業」を政策型思考の一つの結実とし、私たちの新しい歩みのための原点としたい。

「総有」とは、昔で言えば入会《いりあい》、現代風に言えば市民・民間・自治体などの協同した力のことであり、「市民事業」とは、国の行う公共事業とは異なり、市民が主体となって行う事業活動である。これらについては第三章で詳述する。

都市・国土論の観点からいえば、これは深いところで田中角栄の日本列島改造論の対極にあった大平正芳の田園都市論とつながっているのではないか。これが現時点で筆者が到達した結論である。

国土強靭化推進グループが二〇一二年の前法案を修正し、改めて二〇一三年五月に安倍政権のもと同じく議員立法（現法案）として提出したことは前述した。双方の法案の本質は変わらないと思うが、法案上は面目を一新するかのような修正が行われている。いくつか指摘すると、名称が「国土強靭化基本法案」から「防災・減災等に資する国土強靭化基本法案」に変えられた。それに伴い、施策の目標も「一極集中や国土の脆弱性の是正など」から「災害からの国民の命・身体・財産の保護」に、またその施策として「社会基盤の整備、保健・福祉、エネルギー、情報通信、地域共同体の維持」といったいわば何でもありのハードな政策から、「既存社会資本の活用、自然との共生、環境との調和」などに変更された。特に現法案が、この法案への「国民・外国の理解」を求めるなどと低姿勢になっているのは、前法案がいわば上から目線で総動員体制をとるとなっていたのとは大きな違いといえよう。

この修正が何を意味するか、いろいろな理解の仕方がありうるが、それは参院選で勝利した安倍政権のもとでの今後の公共事業の推移によって明らかになるであろう。

第一章　震災復興と国土強靭化

安倍政権の進める国土強靭化政策の筆頭対象となっているのは東日本大震災からの復興である。これはアベノミクスの「財政出動」を具体化するうえで最も手っ取り早い政策であろう。特に「復興」はそれだけを取り上げれば日本国中に反対する者が少なく、またいろいろ新たな準備をすることなく直ちに実現することができる、そしてその成果を目に見せることができるという意味で、恰好の素材であった。いわば目玉商品である。

しかし、震災復興は財政出動、すなわちお金を出せば解決できるというほど単純なものではない。この章では、国土強靭化政策の全体像を検討する前に、まず被災地の現状と復興対策を分析し、その国土強靭化との関係を見ていきたい（なお、本書では、福島と原発対策についてはほとんど触れていない。ここでは廃棄物、中間処理施設、廃炉、最終処分場、除染、損害賠償、そして避難と「仮の町」の問題などが山積みとなっていて、復興政策一般論では論じきれないからである）。

■復興推進委員会による検証

復興推進委員会（委員長・五百旗頭真防衛大学校長）は二〇一三年二月七日、安倍新政権の新たな大臣となった根本匠復興大臣に対して、「被災地では、復興のためのつち音はいまだ高くなく、現場では国の支援を実感として十分に感じ取りにくいとの声がある。国は高台への移転事業など、多くのメニューを整備しているが、制度が複雑で多岐にわたることから、自治体が十分に活用できていない」（二〇一二年度審議報告）という最終報告を行った。この委員会（東日本大震災復興構想会議は二〇一一年六月二五日、菅内閣に対して復興七原則〔後出〕と復興税などの創設を含む復興提言を行った。その後、復興基本法の制定ととももに復興推進委員会が設置された）は間もなく解散した。

民主党政権は多くの分野で失敗したが、復興についても例外ではなかった。がれきの除去、仮設住宅の建設までは進んだが、その後は全く先行きが見えなくなっていた。安倍政権は民主党の失敗を鋭く攻め、二〇一二年暮れからの一三兆円を超す補正予算と、二〇一三年度予算に全体として五兆円を超える公共事業費を組み、被災地にも膨大な金額をつぎ込んだ。

それでは安倍政権は被災地に「劇的な復活」をもたらすことができているか。このような分析を行う際には、政策の善と悪を指摘するだけでなく、善を進捗させ悪を排除するために、さらに一歩進めて「政策的思考」（松下圭一法政大学名誉教授の用語）をとることが不可避である。善と悪の道徳論にとどめず、善を政策化すること、さらに法律、組織そして財源（目標とこれを達成するための手段）が必要となる。その政策が誤っている場合には、この法律や組織あるいは財源を変えなければならない。ただ結果について批判しているだけでは何も変えられないということを確認し、出発点としたい。

■復興庁

民主党政権の復興政策のシンボルが、復興庁（二〇一二年二月発足）である。そしてそのあり方は復興政策全体を規定する。

復興庁は、震災発生の直後、政府部内に設けられた復興構想会議の議論と並行しつつ、かなり早くから政府部内で検討されていたが、国会では政府案と自民党案及び公明党案が入り乱れ、与野党「ねじれ」現象の中で、政権が野党案をほぼがぶ飲みする形で、復興基本法（二〇一一年六月二四日）に基づく復興庁（設置法、同年一二月九日）として成立した。

復興庁の原型は、関東大震災時の後藤新平の「復興院」である。阪神・淡路大震災の時、村山政権は小里貞利を特命大臣に任命し、ここに下河辺淳・堺屋太一・石原信雄などの少人数のブレーンを集め、ここでの判断を起点に政府全体を動かすという体制をつくった。しかし、今回の震災はマグニチュード9というそれこそ一〇〇〇年に一度という大規模なものであり、被害も数県に広がった。これに原発事故という全く予期しない事態も加わり、復旧・復興の現場はまるで戦争のような状態となった。これを統一的かつ効率的に動かすには少数のブレーン政治では足りず、各省庁を超えた強力で総合的・一体的な組織をつくらなければならない。その時、関係者の脳裏に浮かんだのが「復興院」であり、その成功と失敗(政変による後藤新平の失脚、予算の大幅削減、土地所有者らの反乱など)は大きな教訓となっていた。

これらを踏まえて当時示された三案から、自民党案と公明党案をミックスし、東日本大震災復興の枠を外した現行法が制定されたのであるが、ここにはいくつか基本的な問題があった。

まずは、その存続期間である。何と言っても今回の震災ではいまだに原発事故処理が極めて深刻であり、しかもその処理に何十年、廃炉や最終処分場の問題を入れればさらに長期間を要する。したがって期間一〇年という時限立法ではこれに対処できない。それだけでなく、近い将来起こるといわれている首都直下型地震や南海トラフ地震に対して、災害発生のたびに緊急対策本部(何もかも初めて担当する)を立ち上げるというやり方よりは、減災・防災、そして復旧・復興の経験を蓄積する恒常的な専門機関として、復興庁を包括的な危機管理官庁として存続させるべきではないか、ということである。

次いで、この官庁の位置づけをどうするか。現行法は首相の直轄機関として各省庁の上位にあり、各省庁に対して「勧告権」を有していると位置づけた。これはいわば従来の縦割り行政に対して総合調整を図る仕掛けとして付与された権限であるが、これまで一度も発動されていない。それどころか、反対に国土交通省などの既存官庁に従属するようになった。この組織をどのように位置づけるか、再考すべきである。筆者は、復興予算のバラまきが問題となった際にこの「勧告権」を発動していれば、その権威が高まったのではないかと考える。

次は権限の内容についてである。それは企画・立案、つまり政策官庁(政府案)にとどまるか、それとも実施に踏み込むか(自民・公明案。当時この案はスーパー官庁と呼ばれた)であり、これは総合行政の重みをどのように考えるかという点にかかわる。

そして最後は守備範囲について。東日本大震災に限定するか、それとも防災対策として全国展開するか(これは例の復興予算の流用問題に関し、前者に立てば明らかに不当あるいは違法であるが、しかし後者に立てば正当・合法になる。これは後に検討する)というようなことである。

復興庁のあり方が安倍政権の「国土強靭化」政策の中で将来どうなっていくのか、危機管理官庁として再編強化されていくのか、あるいは従来の国土交通省など関係各省庁のような一官庁に位置づけられるのか、さらにはこのまま消滅していくのかは大変興味深いということを覚えておこう。

さて、民主党政権のもとでは、ここでも政治主導はほとんど虚しく、官僚は復興庁を可能な限り政策官庁(連絡官庁・調整官庁)にとどめ、実権は国土交通省・農林水産省など旧来型の省庁が握ったということを強調しておきたい。

これを踏まえて安倍政権は、民主党の政策の一部を変更し、二〇一三年二月、「福島復興再生総局」を設置した。復興庁には福島原発事故に対する独自の抜本的な対策は何もなく、むしろ除外され、避難と帰還、除染や損害賠償、中間処理施設と最終処分場あるいは風評被害などについて、経産省あるいは環境省などがバラバラに動いているという状況になっていた。この事態に対処するため、安倍政権では、福島復興再生総局の事務局長に復興庁前事務次官の峰久幸義内閣官房参与をあて、復興庁、福島県復興再生総括本部、福島県、福島復興再生総局、福島県復興局、福島環境再生事務所といった機関を集約し、総員六〇名体制で除染や避難区域の見直しなど一元的な総合行政を行う(二〇一三年二月一日設置)こととしたのである。これにより政府と福島県の自治体との風通しは従来よりはるかに良くなった。これは一歩前進とみてよい。

■人事と官僚

民主党政権では、復興庁の初代大臣として平野達男を任命し、ここに各省庁から約三三〇名、そのほかに非常駐の併任職員として三二〇名を集め、本庁には二〇〇名、その他、岩手復興局（三〇名）、宮城復興局（五〇名）、福島復興局（四〇名）を配置した。この人数および配置は、他の官庁と比べて決して小さなものではないが、それがうまく動くかは、制度以外にも、誰が指揮官となり、どのような思想と人脈で人を集め、何を重点的に行うかなどが影響する。

関東大震災の場合、復興院の総指揮官となったのが当時内務大臣・副総理であった後藤新平である。何かと話題の多い人物であるが、それまで台湾や満州で都市づくり（植民地経営）の経験を有し、ともに信頼し合う部下も多かった。集められた職員はほとんどが道路や区画整理のエキスパートであり、これを後藤自ら選任した。それに比べると、復興庁発足時の人事はいかにも軽量の感が否めず、職員も各省庁からのかき集めという感じで存在感が薄かった。

民主党の復興政策がこれほど見放された（各種世論調査では極めて評判が悪く、衆参両院選挙で被災地でもほぼ完敗）のは、この人事の失敗も影響していたのではないか。せめて非常勤職員として各種専門家、あるいはNPOなどの市民、さらには被災者自身を雇用し、官僚とは異なる作法（技術、方法等）を提案しながら、復興政策を担う人たちの生き生きとした顔が見えるようにしていれば、「つち音高く」の「つち」くらいは見えたのかもしれない。

■特徴的な政策

復興がうまく進まないとすれば、それは復興政策が誤っているか、それとも政策は良いがその運用が誤っているということである。復興構想会議は「復興七原則」（鎮魂、地域・コミュニティ主体、創造的な復興、自然エネルギー、地域の再生と日本の再生、原発事故の早期収束、国民全体の連帯と分かち合い）と復興税の創設などを提言し、これを受けた復興基本法は「復興財源の確保、復興特区、復興庁」などを定めた。「復興の基本方針」（二〇一一年七月二九日）はこれを詳細かつ具体的に運用するために「復興特区、一括交付金、復興基金」などを盛り込んだ。これらは従来の復興対策にはない斬新なものであった。

ここには二つの注目すべき点がある。一つは、これら新しい政策がいったいどう機能しているかということである。もう一つは、復興の暗部をのぞかせたバラマキの根拠となった「全国的に緊急に実施する必要性が高く、即効性のある防災、減災などのための施策」という一文がどうして「復興の基本方針」の中に盛り込まれたかということである。官僚は復興がうまく進まないことを見越し、その際予算を減らすことなく維持させるために初めから「流用」を考えていたという説が有力である。

■一括交付金（復興交付金）

一括交付金は、地方分権改革以来これまでも何度も議論されてきた。民主党は二〇〇九年の衆議院選挙でこれをマニフェストの一つに掲げて政権を獲得し、早速復興にも適用した。これは言うまでもなく、各省庁の縦割りによる細切れ補助金を一括して自治体に回し、自治体が自由に活用できるようにするというものであり、地方分権の流れや、総合行政が求められる震災からの復興政策に役立つとして、民主党政権の花形政策と期待されたものであった。

もっとも、「一括」といっても何に使ってもよいわけではなく、四〇の事業とこれに付随する事業、例えば国土交通省関係では、道路事業／災害公営住宅整備事業／住宅市街地総合整備事業／区画整理事業／防災集団移転促進事業とまとめられ、この範囲内で自由に活用してよいという限定つきだった。

なお、一括交付金には自由活用以外にも自治体には大きなメリットがある。これらの事業はこれまで自治体でも一部自己負担があり、被災で財政に困窮する自治体はとても出費できないとされていた。しかし、これが交付金になると全額国負担、つまり無償でできるようになる。これは地元にとって大きな朗報であった。

復興庁はこの費用として一兆三〇七億円を確保した。ところが運用の実際を見ると問題が噴出していた。まず申請手続きに関して、自治体からいうとまず所管官庁である国土交通省に申請を行い、その後、復興庁に再び同一の申請をしなければならないというわば二重行政となった。内容を見ると、国土交通省でいったん合格とされた事業が、復興庁では不合格（ちなみに第一回目の二〇一二年三月二日の申請では、岩手県で八四八億円が七九七億円に、宮城県では二〇一六億円が一一六二億円、福島県では八七五億円が五〇五億円に「減額」された)とされている。これでは「復興ではなく査定官庁」ではないかと被災地が批判したのもやむをえなかったといえよう。このほかにも、例えば土地の造成費は認められるが建物建設費は認められない、特別養護老人ホームの建設費や土地の取得費、造成費などをめぐって官庁の対応がバラバラになる、津波による被害には認められるが放射線被害には認められないなど、不満が続出した。

その結果、安倍政権になって、「地方から窓口の一元化や手続きの簡素化、総額の確保などの課題が指摘されていたことから、本交付金を廃止し、各省庁の交付金に移行した」(二〇一三年二月一日、参議院での安倍総理大臣答弁)としてあっさりひっくり返され、元の縦割り行政に戻されてしまった。これは単に予算だけのことではなく、復興庁の無力化につながるものと言えよう。それ自体も大きな問題であるが、もっと不思議なことは、被災自治体も、またこれまで一括化を強力に進めてきた自治体も、これに対してほとんど異議を述べなかったということである。ここには自治体の国に対する「依存体質」が垣間見えるようである。

復旧はともかく、復興、すなわちまちづくり等にとって誰がその主体となるかは、政策の本質にかかわる争点である。復興構想会議では、これを「市町村・コミュニティ」としていた。一括交付金の廃止は、分権・自治に対する集権・統治の構図の復活として押さえておかなければならないのではないか。

■基金

予算の「執行期間」の問題も検討しておかなければならない。周知のように、予算は原則として年度内に執行しなければならず、これを徒過すると効力を失う。しかし、復興事業のような長期的継続的な事業には、年度内執行は明らかになじまない。そこで、原則とは別に「基金」として自治体が一定期間予算をプールし、時間にとらわれないで自由に使いこなしていく制度が待望された。復興庁ではとりあえず「基金」として一九六〇億円(復興交付金とそれ以外。執行方式として直営や財団に保管するなどの方法がある）を獲得したが、それが成功したか否か、もう少し時間の経過を待ちたい。分権・自治の立場からいえば、一括交付金と基金の額を増やすことが正道である。なおその後、この基金についても林野などで被災地以外への流用が暴露されるようになった。

■復興特区

大震災は何もかも破壊しつくした。これを復興するということは、これまでの行政の守備範囲をはるかに超えるものであり、そのためには新しいルールが必要となる。例えばまちづくりの観点から見ると、まちづくりに関する現行の都市計画法はいわば「成長する人口と産業」を前提に、機能主義や便宜主義に基づく「線引き、用途地域、容積率」、あるいは「建築確認・開発許可」といった制度からなっている。しかし、今回の復興のように人を集約するコンパクトシティや、これまで農村部であったところに新たに都市をつくるといったような事態が必要となった場合、現行都市法ではほとんど対応しきれない。

そこで、このような不合理やわずらわしさを解消するために設けられたのが「特区」であり、規制・手続き等の特例（公営住宅の入居基準の緩和、バイオマスエネルギー施設等の開発許可特例）、税制上の特例、財政・金融上の特例、土地利用再編の特例（都市・農地・森林等の枠組みを超えた土地利用再編を行う特別措置、津波避難建物の容積率緩和）が挙げられた。当初、「特区」はほとんど知られていなかったが、村井嘉浩宮城県知事が震災直後から、破壊された漁業を復活させるためには企業を参入させなければならないが現在の漁業法では企業の参入は認められないので新たに「漁業特区」をつくりたいと発言し、これに対し漁民が猛烈に反発して一躍有名になった。

これはその後どうなったか。まちづくりの観点からみるなら、復興庁の報告（「復旧・復興の現状と課題」二〇一三年一月）によると、土地利用の再編はほとんど進んでいない。

もう一つ、「特区」のありようには日本の未来が暗示されていることを指摘しておこう。これは「分権・自治論」と関係する。すなわち、自治体が「自治」権の発動としてまちづくりを行うのか、それとも既存の法律に合わせてまちをつくるのか、これは復興をめぐる一大分岐点である。

■財源論

民主党政権と安倍政権とで最も大きく変わった(ように見える)のは「財源」である。

民主党政権では復興期五年、完成期五年を合わせて一〇年とし、そのための財源として一九兆円(二〇一一年度一次補正四兆一五三億円、二次補正一兆九一〇六億円、三次補正九兆二四三八億円。一一、一二年度で一八兆円の支出。なおこの財源のうち一〇兆円は復興税による増税である)と見積もった。しかし自民党は二〇一二年一二月の衆議院選挙で「公共事業の強化・拡大＝国土強靭化」をうたい、政権獲得後「アベノミクス」の一環として、震災復興とともに公共事業を強化・拡大しようとした。そして、民主党政権の一九兆円では足りない、今後合計二三・五兆円(約五兆円増)が必要であるとして、さっそく二〇一三年度復興予算に三兆七七五四億円(復興庁所管予算二兆四三三億円)、二〇一二年度補正予算三一七七億円(全体で一三兆一〇〇〇億円。被災地における公共事業等には四八八一億円。財源としては国債＝借金のほかに、決算剰余金、日本郵政株式売却収入がある)を盛り込んだ。その内容は市街地再生、海岸堤防、復興道路・支援道路、三陸沿岸道路などの社会資本整備といったいわゆる大型公共事業のほか、復興庁の司令塔強化などの組織強化、福島の当面の課題であるがれき処理、中間処理施設の建設などに充当するとした。

この財源については大きな問題があった。

まず、そもそもの問題として、民主党政権時代の一九兆円という予算はどういう根拠でつくられたのかということである。民主党政権は阪神・淡路大震災との比較、今回予想される被害などを想定してつくったとしているが、この予算については当初から経済学者の原田泰が『震災復興　欺瞞の構図』(新潮新書、二〇一二年)で指摘したように、明らかに過剰であり、厳密に言えば、単に元に戻すというだけであれば「六兆円」で足りるという見解もあり、過剰だという批判は絶えることがなかった。

この批判を裏づけたのが、国は二〇一二年度内に消化できず六兆円（うち一兆円は国庫返上）を積み残し、自治体も岸壁のかさ上げ、農地の除塩、グループ補助金の使い残しなどで二八〇〇億円を国に返還したという報道である。要するに、予算は使い切れないまま不透明な形で処理されたのである。安倍政権になってからの増額も、民主党の復興予算とどこが違うのか、またなぜ追加されなければならないのかについてはほとんど説明がなかった。国民の税金がこのように消費されているとは驚くべきことである。

もっとも、各官庁からいえば、財源の拡大は、今後ほとんど望むべくもないような、いわば「天からの配分」であった。官僚の世界では、個別事業の内容はさておき、とにもかくにも財源の大枠の確保に全力を投入し、激しい競争を繰り広げる。その上、官僚にはその執行にあたって次の予算を最大限確保するために残さず使い切るという本能・義務があるということも覚えておかなければならない。このような事業の内容が確かでないまま、大枠だけを確保するという行動の一部が暴露されたのが、先の予算積み残しの例であった。これに付随する現象として二〇一二年九月に大きく報道され、社会をにぎわしたのが、復興予算一七・五兆円のうち約二兆円を、農水省（シーシェパードの妨害に対する安全対策費・調査捕鯨支援）、法務省（治安確保のための新車購入）、財務省（税務署の耐震化）、警察庁（全国の警察を結ぶ無線システム）、外務省（被災地芸術家の海外活動）、経産省（岐阜県コンタクトレンズ工場などの立地補助金）に流用したという「事件」であった。

これ自体大問題だが、さらに大きな問題は、これをチェックすべき義務を負っている大臣や政府がほとんど何も知らされていないか、積極的に加担させられているということであろう。予算の番人である財務省もこの流用については、自らも税務署の耐震化に流用したように「共犯者」であった。さらに最後の砦である国会も、流用事件が発覚した後「執行停止」にできたのはわずか百数十億円で、バラまかれた二兆円のうち一％にも満たなかったという事実を強調しておきたい。

■安倍政権で被災地はどうなるか

政府の政策と被災地の現実との間には乗り越えられない大きな壁が残されている。安倍政権の政策は、この矛盾を、大きな復興政策の枠組みは民主党政権時代のままで、莫大な資金を投入しながら復興のスピードを速める、そのために現地との連絡を強化していく、ということに尽きている。もっとも、もっと大きな視点でいえば、震災復興を「国土強靭化基本計画」(今後一〇年間で民間投資を入れて二〇〇兆円の資金を投入する)の重要な一角と位置づけており、その国土強靭化計画によれば、「五兆円増」どころか、二〇一三年度もさらに莫大な金額を積み増ししようとしている。しかし、それは被災地の希望に合うのであろうか。

仮設住宅に入居している高齢者夫婦を想定してみよう。この人たちの多くは自力再建は難しく、災害公営住宅への入居を希望している。しかし、現地再建、高台移転、他所への避難など、住民自身が分裂していて地域全体の合意を得ることは極めて困難である。仮に合意を得て災害住宅への入居が実現したとしても、それはこれまで暮らしてきた一戸建て住宅ではなく中高層住宅への入居であり、そこにかつてあったようなコミュニティは存在しない。近くに商店街や病院、介護施設などがあるかどうか、また職場が見つかるのかどうかも不安である。さらに根源的には、被災地は全国でも指折りの人口減少地区(東北六県は宮城県を除き、青森県一位、岩手県二位、秋田県三位、山形県五位、福島県一一位となる)であることを計算に入れておかなければならない。莫大な費用をかけて高台に移転しても空室が増加し、やがて自治体の負担となっていくのである。これをどう解決していくか、それに応えるのは被災住民自身なのではないか。

復興政策をめぐって「集権と統治」か「分権と自治」か、道は二つに分かれるということが徐々に明らかになってきている。二つの道の選択をめぐって、安倍政権は「集権と統治」に一段と傾斜し、これが「国土強靭化」の名のもとに今後急速に被災地で強化・拡大される可能性があるのである。

第二章　公共事業の再編と国土強靭化

■安倍公共事業政策の特徴

二〇一二年一二月一六日の衆議院選挙によって、公共事業をめぐる環境は民主党政権時代の抑制基調から一挙に促進基調へと大転換された。安倍政権はいわゆるアベノミクスと「国土強靭化」を掲げて大々的に公共事業を復活させようとしている。その焦点の一つである東日本大震災の復興については前章で検討したが、本章ではこれを含む安倍政権の公共事業の全体像を見ておくことにしたい。

安倍政権の公共事業の復活にはいくつかの文脈が絡み合っているので、まず大きくその論理を確認しておこう。

1　日本は現在、災害活性化の時期に入っていて、東日本大震災に引き続き、それをはるかに上回るといわれている首都直下型地震、南海トラフ地震が起きる可能性がある。中央防災会議などはこれから三〇年以内に地震が発生する確率は東海地震八七%、東南海地震六〇%、南海地震五〇%、首都直下型地震七〇%などとしているが、この予測は極めて甘い。

また、これまでつくられてきたインフラはコンクリートの劣化が進んでいて修理、復旧対策が不可避となっている。劣化の状況は二〇一二年の笹子トンネルの事故以降、トンネルだけでなく、橋、道路、下水道などが大きく報道され、緊急な対策が要望されていることは周知のとおりである。

2　公共事業すなわち財政投入は、アベノミクスの金融緩和、財政出動、成長戦略の大きな柱の一つである。公共事業は防災・減災に役立つだけでなく、経済的にもデフレ脱却の大きな武器となる。

3　財源は主として国債すなわち借金により賄われるが、これはあまり気にすることはない。公共事業の発展により景気が回復し、雇用が拡大し、税収が上がり、財政的にも最終的にはつじつまが合う。

では、ここで言う公共事業とは具体的にはどんなものか。少し独特だが、戦後の公共事業に関する二つのエポックメイキングな政策、すなわち元祖公共事業といわれる田中角栄の手法と、前政権で「コンクリートから人へ」というマニフェストで公共事業の大転換を図ろうとした民主党の手法を押さえながら、安倍政権の公共事業の位置を確定していきたい。

よく準備されていた

安倍政権の公共事業政策の第一の特色は、何と言ってもよく準備されていたということである。安倍政権全体の公共事業の本質を端的にあらわすのが「国土強靭化」であるが、これは、元運輸大臣の二階俊博衆議院議員が自民党国土強靭化総合調査会の会長になり、多くの国会議員、ジャーナリスト、財界人、学者、官僚などが集まって研究会や講演会を行い宣伝的な本を出版するなど、入念に準備が進められてきた。その頂点にあるのが、二〇一二年の総選挙前に議員立法として提出された「国土強靭化基本法案」である（その後、この法案は廃棄され、安倍政権のもとで二〇一三年五月、改めて「防災・減災等に資する国土強靭化基本法案」として提案しているので、これを現法案、以前のものを前法案とする。この相違は「はじめに」で簡単に説明を行った。以下、本章ではすべて前法案に基づいている）。この手法は、田中角栄が都市政策大綱とそれに引き続いて「日本列島改造論」を打ち出した時とよく似ている（以下、これらを「田中モデル」という）。すなわち、政策を単にマニフェスト（公約あるいはスローガン）として売り出すだけでなく、議員立法として法案を策定してプロセスを明確に示し、実行可能なものにしていくという手法である。

議員立法に引き続き、安倍政権は公共事業の強化を衆議院選挙の公約に掲げて大勝し、前章でみたようにさっそく補正予算や二〇一三年度予算などで大幅に予算を増やした。また、後にみるように、新政権ではこの国土強靭化基本法以外にも、首都直下型地震や南海トラフ地震に対応するための法律や、その他これを実施するための組織法などを検討していて、国土強靭化を基軸に公共事業の総合化・体系化

(再編)を目指している。これも田中モデルを想起させる。

これに対して民主党は、野党時代に当時の自民党の公共事業政策に対抗すべく公共事業基本法、河川法、自然再生推進法などいくつかの議員立法を提案してきた。その段階では、国土強靭化基本法の準備などと比較しても優劣はつけがたい。この議員立法には公共事業反対の市民運動や学者が応援し、マスコミも総じて「公共事業は無駄」というキャンペーンを張った。そしてこれは周知のように二〇〇九年の総選挙で「コンクリートから人へ」というマニフェストに集約され、政権交代の大きな力となったのである。政権獲得後初の大臣談話における前原誠司国土交通大臣の「八ッ場ダム中止宣言」が、子ども手当などと並んで、あるいはそれ以上に政権交代の意味をより鮮明に国民の前に印象づけたことは、記憶に新しい。

さて、問題はここからである。前原大臣あるいは民主党はこの公約を実現すべく、さっそく公共事業予算を減額するなどの措置を取ったが、肝心の「八ッ場ダム」問題で大失態を演じ、その後はかつての自民党時代に戻ったかのような政治しか行えなくなっていく。

つまずきの始まりは、ダムを中止するにあたってその当否に関する基準などを検討する「有識者会議」について、いわば官僚任せの人選を行い、かつ会議を非公開としたことであった。これは自民党時代よりも後退するもので、反対住民に先行き大きな不安を与えた。もう一つは、ダム中止に伴って当然に必要となる現地住民らへの「生活再建法」などの立法措置を最後のギリギリまでしなかったことである。再建がどうなるかわからないというのでは地元住民は報われない。関連自治体もすべてダム推進に回った。民主党がその後のいくつかの地元に関わる選挙で候補者を立てられなかったことも大きい。

そのような停滞した状況の中で、官僚は中止宣言などを受けて予算を削減し事業期間は延長した。しかし事業そのものは中止せず、むしろダム、新幹線、道路等々の計画をかつての自民党時代を想起させる(それを超えたところもある)ように次々と復活させた。

これは新政権誕生の原動力となってきた市民運動に深い失望と絶望感を与えた。彼らは後に支持とは反対の強固な不支持層になっていく。それもあって民主党は、二〇一二年総選挙ではエンジンを失った難破船のようになっていったのである。

誰も反対できない「大義名分」と強固な人事

すでに指摘したように、国土強靭化は東日本大震災に引き続いて近いうちに首都直下型地震や南海トラフ地震などが起きる可能性があるということと、もう一つ、これまでつくってきた道路などのインフラが危険な状態になっていて、この維持管理や修理が必然となっているということが目玉商品である。この論は誰が見ても抽象的・表面的には説得力があり、反対できない。そしてこの「大義名分」が充分に力を発揮していくためには、それが力強く時代を見通していることと、それを推進する人間・組織があること、さらにそれが最終的には国民の支持を得られることが必須である。かつての田中モデルでは、もちろん田中角栄自身が中心となって引っ張った。

ちなみに、田中は日本列島改造論により全国に高速道路、新幹線、ダムなどを張りめぐらしつつ戦後日本を近代化(便利さ・速さ・機能性など)し、東京と地方の格差をなくし、日本国民全体に「富」をもたらすことに生涯の政治的野心をかけた。彼はこれを旗印に自民党内のライバルと戦い、かつ選挙でも野党と対峙した。この過程で、中央政界には「族議員」という強力な政治集団が生みだされ、政治を官僚や財界と結びつけ強力なトライアングルを形成する。自治体は、公共事業をどこよりも早く、またどこよりも多く獲得することこそが「政治」であると解釈し、その陳情合戦は公共事業のシステムを強化した。こうして日本列島改造論は大義名分と力とを持ち、日本国中を巻き込む土台となったのである。もちろんこれはプラスだけでなく、後に「土建国家」と呼ばれる日本に独特な「国のかたち」に堕していったことも忘れてはならない。

これに対して民主党の場合、一部市民とマスコミぐらいしか味方を持たず、財界や業界と関係の深い労働組合の支援は望めないとしても、せめて自治体・議会との協力関係や、公共事業に代わる新たな成長戦略とその担い手の形成に早急に手をつけるべきであった。「コンクリートから人へ」という政策は、公共事業がいわば自民党の看板であり背骨であり、無駄な公共事業を全国にバラまき、国の膨大な借金の原因となっただけでなく、しばしば環境破壊やスキャンダルの根源となってきたことなどに対し、全国民の怒りを結集し、その清算を行うという新時代の幕開けを告げるものとして充分な大義名分を持つものであった。しかしこれを推進する力は田中時代よりもはるかに見劣りしていた。

　安倍政権は選挙で公共事業の拡大を訴えただけでなく、政権獲得後も総理自身が先頭に立ってこれを推進しているほか、ブレーンとして京都大学の藤井聡教授[1]を内閣官房参与に起用し、「国が目指すレジリエンス（強靭化）」有識者会議座長に据えた。さらに有能な首相補佐官に関係各省を束ねさせて国土交通、農水あるいは復興庁などの強化を図るほか、国家公安委員長の古屋圭司に「拉致問題担当」とともに「国土強靭化担当」を命じた（ここではこの国土強靭化に公安や拉致と同列に並ぶ地位が与えられていることに注意を促しておきたい）。

　さらに見ておきたいのは、これら官邸あるいは官庁といった正面部隊だけでなく、自民党内に国土強靭化部隊を、さらに砂防会館に強靭化の会の顧問を務める古賀誠などの族議員がいるという「表も裏も」強力な政治的舞台を準備したことである。やがてここに建設・土木業界[2]が集結し、自治体や地方組織の隅々まで予算が配られるなどして、一気に強力な支援体制が生まれてくる。これも田中モデルときわめて似ている。

　これと比べると民主党は、わずか三年の間に国土交通大臣が前原、馬淵、大畠、前田、羽田と五人も交代したことに象徴されるように、公共事業の転換を支える強力な体制をつくるという発想はほとんどなかった。市民や学者らを結集しようという動きもみられず、特に野党時代から議員立法などに精力をつぎ込んできた政策調査会の職員や議員が放置されたままであったのは、いかにも残念なことであった。

法律制定の意味が分かっている

政策を実現するためには、政策的思考と対応が必要であることは前に述べた。田中角栄が議員あるいは閣僚として関係した法律をこのような視点で改めて見てみると、近代法治国家で公共事業政策を遂行していくための総合的で体系的なシステムが構築されていたことに驚く。

まず、日本国土や都市を開発していくための「国土総合開発法」による総合的な全国計画、そして都市政策としてそれを具体化する「建築基準法、土地区画整理法、都市計画法、都市再開発法」など。あるいはこれら国土・都市に必要なインフラを構築するための「公営住宅法、道路法、河川法」などの個別事業法。こうして公共事業法体系がつくられた。次に、組織と財源。これらの政策を実現するためには短期間で異動する官僚システムや一年ごとの予算にしばられる組織ではうまくいかない。そのため外郭団体として恒久的な専門家集団を創設する「住宅公団法」や「道路公団法」をつくった。また最大の難問である財源を確保するための「道路整備費の財源などに関する臨時措置法」をつくり、一般予算とは異なる独自財源を確保した。こうして計画・法律・組織・財源という一体的な田中モデルが見事に構築された。このモデルは田中の情熱にプラスして、当時の人口増と経済成長がバックとなって、いわば世界にもまれにみる完璧なモデルとなったのである。

さて、民主党は何よりも「コンクリートから人へ」の公約が、もちろん無駄な公共事業を削減するということが第一義であるが、それよりももっと深いレベルでは、田中時代とは正反対の人口減・高齢化社会を迎えた日本をこれからどうするかという問題についてのいわばマイルストーンとなるべき公約であることを自覚し、田中モデルの廃止と新たなシステムの構築に取りかからなければならなかった。とりあえず無駄な公共事業を中止させるための根拠法として公共事業基本法(政策の評価、中止手続き、中止の場合の保障そしてその負担などを定める)を制定すべきであった。そしてそれを手始めに、少子・高齢化時代の国土や都市・農村はどうあるべきなのか、それはどのような法律によって担保されるべきか、これを実現する母体としてのNPOなどをどう参加させるか、財政危機のもとで財源の工面をどうするかなどについて、およそ各省庁の壁を超えた国家プロジェクトとして検討すべきであった（民主党政権の目玉商品の一つであった「国家戦略局」はそのような組織としてふさわしい）。しかし民主党にはそのような作業を受け入れる発想、戦略、戦術などがいかにも欠落していた。官僚から見れば法律の裏づけのない口先だけの中止宣言など怖くもなかった。次々と行われる大臣交代劇の中で、官僚はいつの間にか粛々と八ッ場ダムを復活させていたのである。

■国土強靭化という新しい戦略モデル

さて、それでは安倍政権の「国土強靭化」とは一体何なのか。この国土強靭化のブレーンとなっている藤井聡京都大学教授の著書や、自由民主党国土強靭化総合調査会の『日本を強くしなやかに　国土強靭化』（国土強靭化総合研究所、二〇一二年。なおここで準備された法案は前述のように二〇一三年五月、現法案に変更される）などを参考に紹介しておこう。

まず立論の出発点であるが、藤井教授らによれば、日本では過去四回の巨大地震（マグニチュード8以上の地震）、すなわち貞観、慶長三陸、明治三陸、昭和三陸が襲っている。この四地震を注意深く検討すると、これらの地震のおおよそ一〇年前後に西日本と東日本に必ず巨大地震が連動して起きていた。今回の東日本大震災は日本国史上五回目の巨大地震であるが、過去の経験によれば今後日本では一〇年内外にこれと連動して巨大地震が起きる可能性がある。そしてこれが西日本・南海トラフ、あるいは首都直下型地震としてあらわれると、最悪のケースでは前者で四〇〇兆円、後者で三二五兆円規模の被害が生じる。東日本大震災の被害は一九兆円規模といわれているので、これはその何十倍にも達する巨大なものになる。

もしこのような災害がこの無防備な日本を襲ってきたら、日本が崩壊することは明らかである。そこで国は直ちにこれに対応するためのあらゆる準備をしなければならない。大きく言えば、これが国土強靭化政策の大本であり、その根本となるのが国土強靭化基本法である。さらにこれを実現していくためには一〇年間で民間投資を含め二〇〇兆円、一年で二〇兆円（現在の公共事業予算の約四倍）が必要となるが、二〇〇兆円程度の調達なら現在、銀行に過剰預金が一六〇兆円もあることなどを考慮すればそれほどの心配もなく、日銀も一〇〇兆円～数百兆円の金融緩和が可能である、という。

それでは「国土強靭化基本法案」とはどういうものか、その特徴を見てみよう。

1　全体として、ここには人口減と高齢化社会というイメージは全くない。このような時代の根本的な変化を無視して、この法律を新たな基本法にし、個別的にはかつての全国総合開発計画と同じような強靭化計画を策定し、これを現在の道路法、河川法などの事業法で実施する。また財源についても、自民党税制部会のように道路特定財源の復活をはかるな(3)ど、おおよそ田中モデルのイメージの下で公共事業を行うということであろう。

2　しかし、厳密に言えば緊急輸送道路（現在まで建設されていない道路をすべてつなぐミッシングリンク政策。ちなみに、これまで高速自動車国道と一般国道自動車専用道路一万四〇〇〇キロの計画のうち、約七割の一万二一八キロしか開通しておらず、残りは民営化した会社ではなく国の直轄事業としてつくる、その費用として八兆円が当てられる。なお道路は公共事業の王様として国土強靭化のもとでも特に強調されている）などはこれまでの田中モデルの延長で、あまり新味はない。しかしこれに付随して、国家機能の代替性の確保（首都移転）、エネルギー（原発稼働を前提にした安全確保）、日本全体の経済成長（なんでもあり）、地域共同体（隣保協同の精神）といったものが掲げられているのを見ると、田中モデルを超える新しい分野・発想も盛り込まれていると言える。

なお、国土強靭化という概念を最大限拡張すると、災害だけでなく金融、人口、産業などいわゆる「危機管理」のすべてが含まれる。さらに大きく論理を徹底していくと、巨大災害イコール何万人かの死者と膨大な被害の発生はまさに戦争に匹敵する非常事態であるというようにつながり拡大していく。ここまで来ると、国土強靭化は「国土」の強靭化を超えて、「国家」の強靭化であり、それは「列島改造」を超えて「国家改造論」とでもいうべき戦略モデルとなる。その末端にかつての国防組織としての町内会と重なるような「隣保精神」の規定が据えられているのは、この「国家改造」の一旦をうかがわせるものであろう。

3　もう一つ、この法案では普通の法律ではめったに見ることのできない「運動」という概念を持ち込んだことにも注目しておきたい。法案では国、都道府県から市町村までの「運動」を規定している。国土強靭化は法律と予算を準備するだけでは実現できない。これを実現するためには国民全員の参加と協働が必要である。防災訓練はもちろんだが、そういう受け身の姿勢だけでなく、地域を守るための基本的な条件、すなわち生活、雇用、教育、産業、福祉なども全体的に考えなければならず、この積極性が防災の根本条件になるというのである。この運動の観点はもちろん田中モデルには見られないが、実は市民運動に支えられた民主党モデルにも見られないものであった。運動を法律に書くかどうか、またどのような運動を想定するかどうかはともかく、時代の転換期には運動概念が不可欠である。

前に見たように、前原国土交通大臣は就任直後に八ッ場ダムの中止宣言を行った。そのうえで、なぜこの段階（付帯工事はほとんど完了しており、住民の多くはすでに他所に移転していた）で「中止」なのかを説明し、その後の展開についての見通しを示さなければならなかった。個々のダムの中止が問題なのではなく、八ッ場ダムの中止をいわばパラダイム転換のきっかけにするという目標と決意を示すべきであった。さらに「運動論」的にいえば、これをただ説明するだけでなく、その戦略を確かなものとするためにこの転換のプロセスに市民を参加させ、その困難や希望を試しながら転換を推進していくと構えるべきだったのである。パラダイム転換は政府だけで行えるものではない。まさしく主権者である国民が立ち上がらなければならないのである。しかし民主党にはこの「運動」の発想もほとんどなかった。国土強靭化基本法の発想はこの点では、正反対の意味ではあるが民主党をはるかに超えている、と言ってよいだろう。

さて、この国土強靭化について、デフレを脱却し、雇用が確保される前から歓迎する声も大きい。今後投入されようとしている資金は膨大であり、事業が続く限り建設・土木及びコンクリート、鉄、ガラスなどといった産業に大きな対価が支払われるため、確かに、この限りで経済が回っていくという事実は否定できない。しかし、それは田中時代のように、たとえば東京と大阪を結ぶ新幹線が人や物の輸送をスピードアップしつつ、それが様々な経済関係や人々の生活に影響を与えるといったような大きな乗数効果を生み出すものではない。

現在連結されていない高速道路を結んでみても、その経済効果などタカが知れたものであることは容易に想像がつく。小泉政権時代にその新自由主義の観点から公共事業を縮小しようとしたのは、経済的にみてプラスよりもマイナスが大きいと判断したからであった。にもかかわらず、それを承知しながら、それでもつくり続けるというのは、このような経済効果など無視した、道路は交通の便益というよりも災害時に避難場所や救援システムとして役立つというような、もっと別な論点になっている（後述）ということも知っておきたい。

■問題の本質

公共事業の減少は民主党政権が初めてというわけではなく、実は行政改革を唱えた橋本内閣に始まる。これへの反動として「世界一の借金王」と自嘲しながら小渕内閣が公共事業のバラマキを行ったのであるが、それを引き継いだ小泉政権が公共事業に見切りをつけた理由は、先に見たように公共事業による経済効果が薄くなってしまったこともあるが、それだけではない。当時自治体がこぞって進めてきたホール、公会堂、博物館などのいわゆる箱モノがほとんど無用の長物となってしまい国民の批判が大きくなったこと、国家財政が持たなくなってきていることなどもある。民主党の政策転換はこれにプラスして、少子・高齢化社会では農民、子ども、高齢者、学生などの社会的弱者に費用を回して将来の安心を保障するということがあった。

このような公共事業をめぐる歴史と本質をみるとき、安倍政権がどのようなレトリックを用いようと、少子・高齢化対策の優先、無駄な公共事業の廃止、財政危機の改善など、日本が抱えているいわば構造的な問題からどの政権も逃げることはできない。もっと言えば、国土強靭化とこの構造的要因は両立できない。このことを強調し、確認しながら、その問題点を指摘しておきたい。

とりあえず次の二点は絶対に欠かせないと筆者は考えている。第一は、少子・高齢化時代の国土モデルの形成である。もう一つは、法治国家としての法の適正手続きについてである。

■少子・高齢化時代の国土モデルとは

すでに見たように、国土強靭化の発想の原点には、一〇年以内に必ず首都直下型地震あるいは南海トラフ地震(そして富士山の爆発なども連動)が起きるという予測があった。しかし、それがどの程度確かなのか、また対応策として何が必要か、国土強靭化基本法案の概要を見ても実はほとんどわからない。確かにそこには具体的な施策として東日本の被災地の復興、災害発生時の避難、保健施設や福祉あるいはエネルギーの確保など、誰もが異論を唱えることのできないような目標が抽象的には掲げられていた。しかし、これを何回読んでも、そのために何をしようとしているのか、大きな道路をつくるのか、堤防の高さをかさ上げするのか、原発を再開するのか、超高層ビルを建て続けるのかといった具体策になると、一向に何も答えられていないことに注目すべきであろう。

早い話、国土強靭化対策の第一位に掲げられている東日本の被災地の復興について、国土強靭化の観点からいえば何をするのであろうか。とりあえず、大きな道路、高い堤防、建物の耐震化といったものが想定されるが、それは直ちに被災者からノーと言われ、実現が甚だ困難である。仮に実現したとしてもその時にその周辺にはほとんど人が住んでいない、ということになるのは目に見えている。被災地で最も深刻な問題となっているのは、このような巨大な公共事業による災害対策ではなく、自分たちの明日はどうなるかということである。前章でみたように、復興が進んでいないのは公共事業が進まないからではなく、全国のどこよりも速く加速度的に進行している少子・高齢化社会のもとで、どのようにまちづくりをしていったらいいいか、その絵が描けないからである。

この問題を全国的に普遍化して言えば、日本の人口は今後四〇年内におおよそ九五〇〇万人(中位推計、高齢化率三九・六%)、約九〇年後の二一〇〇年にはなんと四七七一万人(中位推計、高齢化率四〇・六%)に縮小する。単純に言うと、四〇年後には現在の三分の二、九〇年後には実に三分の一になるのだ。公共事業もこの人口に比例するとしたら、四〇年後には三分の一、九〇年後にはなんと三分の二が不要になるのである。また、視点を変えて時系列的に言えば、私たちは今後急速に増えてくるインフラの老朽化に合わせて、不要なものは取り壊し、必要なものは修理し、さらに部分的に技術革新などで新しいものに取り換えていくという作業をふんだんに行いながら、全体として縮小させていかなければならないのである。公共事業の問題として筆頭に挙げられるべきは、まさしくこの事実ではないか。

このことを念頭に置きながら、私たちは今後どのような家を地域を、都市をそして国土をつくらなければならないか、これが検討されなければならないのである。少子・高齢化を空間的に言えば、今後日本では中山間地や地方都市を含めて急速に「限界集落」となり、東京などの大都市でも空地・空室が続出するという事態が極めてリアルになる。これに対して自治体が条例などにより、空室や空地へのとりあえずの緊急対策を始めたが、これらはいまだ応急措置にとどまっている。コンパクトシティ、エコシティ、田園都市など、未来の空間モデルとして現在いろいろな像が取り上げられているが、被災地を含めて現在のところ格闘中というのが正直なところであろう。

なお、これについては次の第三章で詳しく見たい。

■費用対効果と民主主義的手続き

無駄な公共事業の廃止が政権交代の大きな原動力となったのは、それが無駄だというだけでなく、なぜ自分が苦労して納めている税金がいわば「どぶ」

に捨てられるように使われているのかという不信と不満があったからである。この不満に対して、歴代自民党政権もこれまで様々な対策を取ってきた。情報公開、公聴会、事前・事後評価、アセスメント、住民監査請求と裁判（住民訴訟）などなどである。これら一つひとつがもちろん問題を含んでいるのであるが、ここでは無駄かどうかを判断するかなり有効な方法としての費用対効果論、もう一つは議会と並んで最終的に公共事業の違法性を判断する裁判についてふれておきたい。これは公共事業と民主主義の問題であり、また国土強靭化に対する大きな評価軸になる。

　費用対効果、つまり投資する費用に対してその効果がどの程度になるか、便益（b）を費用（c）で割った結果が「一・〇」未満なら、公共事業としては実施しないという原則については、長い歴史がある。[4]そして最終的に「行政機関が行う政策の評価に関する法律」（二〇〇一年。以下「政策評価法」という）として集約された。政策評価法は、「行政機関は、その所掌に係る政策について、適時に、その政策効果（中略）を把握し、これを基礎として、必要性、効率性又は有効性の観点（中略）から、自ら評価するとともに、その評価の結果を当該政策に適切に反映させなければならない」（同法三条一項）としていた。これを上位法として、さらに具体的にしたものが「公共事業評価の基本的考え方[5]」（国土交通省、二〇〇二年）と「公共事業評価の費用便益分析に関する技術指針」（同、二〇〇三年）である。例えば道路の費用対効果は上の**表**のようになっていた。

計画交通量	費用(c)	便益(b)
	事業費	走行時間短縮便益
	維持管理費	走行経費減少便益
		交通事故減少便益

　これがとりあえず公共事業が無駄か有益かの判断基準であるが、これについてはとにかくにも行政の暴走に対する歯止めになるという積極評価とともに、官僚の裁量が大きすぎるというような批判もあった。しかし、これはある意味で無駄か有益かを「感情」や「思想」ではなく、数字で判断するという客観的な基準であり、もし民主党政権がこれを全

ての公共事業に厳格に適用していれば、事態は大いに変わった可能性がある。国土強靭化との関係でこれを見ると、次のような論点が浮かぶ。

費用対便益の対象として挙げられているのは、すべて数字でとらえられるものばかりである。しかし、その数字は自動車交通量をベースに、走行速度、事故率などを見るもので、官僚は道路通行による環境破壊などは無視し、便益の部分の数字を可能な限り大きくするため交通量に右上がりの数字を加えてきた。しかしこの計算を正常に戻せば、将来の道路はもちろん、現在工事が進行中の道路もほとんどが「一・〇」よりも低くなるはずであり、環境破壊や健康破壊部分を入れたらほとんど〇・五以下になり、建設はストップされるはずであった[6]。小泉政権が道路公団を民営化（税金による道路建設を中止）したのは、このことを考慮に入れたためであった。

これに対して税金による道路建設に固執する自民党族議員らは、交通だけでなく、災害時の避難道路としての役割あるいは病気の際の運搬機能などを入れれば道路の便益はこれにとどまらないと主張し、国土強靭化による道路計画も、このようないわば災害からの「命の防衛」を強調して事業を進めようとしている。

例えば国土強靭化総合調査会の官側のブレーン的存在であり、国交省道路局長や技監を歴任した大石久和早稲田大学大学院公共経営研究科客員教授の論を見てみよう。これは端的に言うと、かつて計画されていた一万四〇〇〇キロの高速道路網を全部建設せよというものであり、道路には不要なものが多く、莫大な赤字を生むとして道路公団改革などを実行した小泉元首相がいったんストップした計画を復活させるというのである。大石教授は、「今回の大震災は、道路というものがいかに有意義であるかを教えてくれた。道路の効用はこれまでのように交通便益（渋滞の解消、事故の減少、スピードアップなど数値でとらえられるもの）だけにあるのではない。道路は多面的な機能（災害時の避難場所、ヘリコプターによる救援物資の搬入や救出、そして緑の癒やしなど）を持つのであり、普段での費用対便益が一・〇未満でも、どこでも災害が起こりうる」ので、建設を放棄してはならないというのである。さらに言えば、このような大災害は近いうちに必ず起こるので早急に着手しなければならないと強調するのは、時の利を得たということであろう。時は小泉政権以来の「費用対効果論」を棚上げにすることができる。

このような議論を可とするか否かが、改めて費用対効果論の大きな課題となる。端的に言って、ここでは私たち国民にとって、日常的にはほとんど車が通らない、しかも維持保全に膨大な費用を要する道路を、何百年に一回かの災害のためにつくるのかという疑問と、いやそれは先に見たように一〇年内に起こる可能性があるという反論に対して、誰がどのようにして決着をつけるのかが論点なのである。

もう一つ、この評価に関する基準として検討しなければならないのが「裁判」である。

■裁判と自由裁量

日本には、諫早湾の干拓、八ッ場ダムなどのダム、泡瀬干潟の埋め立て、圏央道などの道路、スーパー堤防など、いまだにたくさんの無駄な公共事業があり、市民はこれに対してさまざまな方法でこの不条理を指摘してきたが、最終的には裁判になることがある。裁判には損害賠償や差し止めを求める民事訴訟と、事業の取り消しを求める行政訴訟とがあるが、本命中の本命は何と言っても行政訴訟である。私は長年、この行政裁判のありようが公共事業を左右する大きな要因になると考えてきた。

さて、住民からみるとこの行政訴訟には、原告適格など内容以前の問題のほかに、行政事件訴訟法（一九六二年制定）三〇条の「行政庁の裁量処分については、裁量権の範囲をこえ又はその濫用があった場合に限り、裁判所は、その処分を取り消すことができる」という高いハードルがあり、これが公共事業を語る上での大きな障害となってきた。講学上「行政の自由裁量権」と呼ばれるものである。なお、最高裁判所はこの規定について「重要な事実誤認にもとづいてなされたか、事実に対する評価が社会通念に照らし著しく妥当性を欠くものであるかどうか」を基準としてきた。

三〇条のような考え方の底には、道路、ダム、干拓等々の公共事業は高度に専門的・技術的、時に政治的なものであり、裁判所は原則として官僚の判断を尊重しなければならず、一般的には口をはさむべきではない、という明らかに官僚優位の思想が今でも生きている。ちなみに言えば、原発の差し止め訴訟などにもこの「自由裁量」が大きく影響して、どんなに危険なものであっても市民は裁判で勝利することはほぼ不可能だった。日本では官僚はどんな無駄な公共事業を行っても、事の始まりから「無罪」だったのである。その中で諫早湾の開門を命じた福岡高裁の判決は例外中の例外だといわれてきた。

しかし、そんな裁判にも、歴史的かつ大局的に言えば少しずつ変化が見え始めたことを知ることができる。オリンピックに備えて栃木県知事が、幹線道路の拡幅のため日光国立公園内の太郎杉を伐採しようとしたのに対して「本件土地付近のかけがえのない文化的価値ないし景観環境を破壊する」として裁判となった「日光太郎杉事件」(東京高判昭和四八年七月一三日)は、かなり以前の判決ではあるが、それ以降も「行政の自由裁量権」を破る判決が継続している。

静岡県伊東市の都市計画道路の違法性が争われた裁判では、都市計画道路の拡幅にあたって「将来予測される交通量が増加するという手法は構造自体が誤っており、伊東市の人口予測も誤っていて、これを前提にする拡幅には疑問がある」(東京高判平成一七年一〇月二〇日。なお最高判平成二〇年三月一一日も同旨)とされた。

また、圏央道あきる野インターチェンジの土地収用が問われた裁判でも、地裁レベルでは無効とされた(東京地判平成一六年四月二二日)。東京には首都高速中央環状線(中央環状線)、東京外郭環状道路(外環道)、首都圏中央連絡自動車道(圏央道)という三つの大きな環状道路が計画されているが、圏央道はこのうち一番外側の自動車専用道路である。この道路建設に反対する周辺住民に対する土地収用について、裁判所は「事業認定庁の裁量に基づく判断は、比較衡量を行うにあたって当然に考慮すべき事項要素として現行の法体系のもとで社会に普遍的に受け入れられる諸価値を考慮したうえで行われるべきところ、強制収用の判断はここで生活している人たちの財産権や居住の自由をおかしている」と判決した。

そのほかにも、世界遺産クラスといわれる広島県福山市の鞆《とも》の浦の湾を埋め立てて横断道路をつくることの是非が争われた裁判で「道路は国民の歴史的・文化的景観を破壊する」（広島地判平成二一年一〇月一日）と、この横断道路を断罪し、沖縄県の泡瀬干潟の埋め立てについては「行政の計画には経済的合理性がない」（福岡高判平成二一年一〇月一五日）などと厳しく費用対効果を批判する判決が出てくるようになったのである。

これらを見ると、裁判所内部にもこの自由裁量論に疑問を抱き、公共事業を国民の普通の見識や判断で見る姿勢が生まれていて、裁判も今後、公共事業を判断する際の大きな基準となっていくであろう。

公共事業は、現在では費用対効果や裁判所の示す基準に堪えるものでなければ実現できない。これは戦後民主主義と市民が田中モデルを乗り越えてきた一つの到達点であり、ここでは「官の思想と民の思想」が鋭く対決していく。まさに民主主義の問題なのである。

■ダムの撤去

筆者は二〇一二年一二月、熊本県の荒瀬ダムを訪れた。荒瀬ダムは戦後の電力不足を補うために一九五五年、高さ二五メートル、堰堤長さ二一〇メートルのダムとして球磨川中流に建設された。やがて老朽化や水利権の更新などの問題が起こり、二〇一〇年に日本で初めて撤去（一部）され、長年堰止められていた水が水門から勢いよく流れ出した。ダム撤去はアメリカやヨーロッパでは今や常識で当たり前のことだが、日本では初めてのことである。

この球磨川では荒瀬ダム以外にも堰やダムがあって、川全体が完全に回復したというわけではないのだが、それでも一カ所のしかも一部の撤去だけで球磨川および不知火海には驚くような変化が生まれている。川には瀬と淵が生まれ、生物の生息環境ががらりと変わってきた。河口付近の海には干潟が戻り、ここにはカニやエビが生息し始め、それを求めて野鳥が舞っていた。自然が回復しつつあるのである。

何よりも勇気づけられたのは、いつも反対運動の中で苦渋の顔で仕事をする労働者、海からの収穫が途絶えて後継ぎもなく投げやりに酒を飲んでいた漁師たちに笑顔が戻ってきたことである。

荒瀬ダムに引き続いて二〇一三年一二月、諫早湾のゲートが開かれて、自然の海が戻ってきたら、荒瀬ダムよりもはるかに大きな衝撃を与えるであろう。小さく生んで大きく育てる、いったん計画された事業は永遠に止まらない、誰も責任をとらない、という公共事業神話が崩れるのである。国土強靭化とこの諫早湾干拓はどこが違うのか。開門は安倍政権と国民の双方に対して鋭く、また厳しくその当否を迫るであろう(7)。

(1)　藤井聡『公共事業が日本を救う』(文春新書、二〇一〇年)、『列島強靭化論』(二〇一一年)などを参照。なお、政府の中央防災会議の作業部会(主査・河田恵昭関西大教授)も二〇一三年三月一八日、マグニチュード9と予測される静岡県沖から四国・九州沖にかけての南海トラフ(海底の溝)巨大地震が発生した場合、経済的な被害は最悪の場合二二〇兆円にのぼり、三四四〇万人が断水に直面し、避難者は最大九五〇万人に達するなどという予測を発表している。

(2)　朝日新聞二〇一二年一二月二八日付は、「「国土強靭化」沸く地方　復興特需の再来に期待」という見出しで、衆議院解散が決まった一一月一四日から一二月二七日までの大手ゼネコン株の上昇率を報じている。それによれば鹿島三四%、清水建設四三%、大林組四三%となっている。また「千客万来 自民沸く　経済対策二〇兆円、陳情の列」という見出しの朝日新聞二〇一三年一月一〇日付なども参照。

(3)　道路特定財源の復活、自動車取得税や重量税など六種類。二〇〇八年度で国と地方あわせて五・四兆円。道路特定財源は道路族や建設業者の既得権益だったが、二〇〇九年に一般財源化された。自民党税制調査会『税制改正大綱』(二〇一三年一月二四日)は重量税(七〇〇〇億円)について、「道路の維持管理、防災・減災に多額の財源が必要」として復活を示唆した。これに対する馬淵澄夫「全総時代に逆戻りする国土強靭化法案が抱えるこれだけの問題点」(現代ビジネス二〇一三年二月三日号)を参照。

(4)　無駄な公共事業について最初に問題にしたのはアメリカの「サンセット法」を参考にした北海道の「時のアセスメント」(一九九七年)であり、ここでは無駄の判断基準を主観の入らない「時間」に求め、事業採択後五年たっても着手されないもの、二〇年以上たっても完成できないものなどを自動的に中止するとした。当時、財政危機に悩んでいた橋本龍太郎総理大臣は、これを国家レベルでも推進すべく、一つは行政改革として建設省、運輸省、国土庁、そして北海道開発庁を一体化して国土交通省を設置し(二〇〇一年)、もう一つ、公共事業費を毎年七%減額する「財政構造改革法」を制定した(一九九七年)。しかしこの法律は一度も施行されず、その後政策評価法が制定された。

（5）　ここでは公共事業評価に携わる者の基本姿勢として、①真に国民の立場に立って高い理想と厳しい姿勢を持つ、②評価に用いた手法及びデータ並びに評価結果は積極的に公表する、③評価は、科学的知見及び現世代の価値観に基づくものであるが、将来世代の価値観を反映したものではないことを認識し、評価手法や信頼性に留意する、④国民とのコミュニケーションを図ることがあげられている。

（6）　首都圏央道事業取消訴訟判決（東京高判平成二三年七月一九日）は、住民らの主張を最終的には認めなかったが、費用対効果に関する国の主張に対して「一般にどのような分析であってもデータに基づいて分析したとして、その結論を示しただけでは、その結果の正確性、妥当性を正しく判断することはできない。結論だけ示してその過程を一切示さない国の主張は独自の見解に固執するものであり、到底採用できない」とした。

　なお、この裁判では、国は費用対効果を二・六と主張していたが、住民らの計算では〇・三六であり、基準となる一・〇をはるかに下回っていた。

（7）　国土強靭化については、その「名称」がいかにも「公共事業のバラマキ」や「コンクリートの復活」を連想させるとして公明党や自民党内部からも異論が出た（読売新聞二〇一三年三月三日付）。また、被災地の首長たちの三割が国土強靭化は復興に「マイナス」と答えていることなども報道されている。

第三章　総有と市民事業——国土・都市論の「未来モデル」

日本は一〇〇年後には現在の人口の三分の一の約四〇〇〇万人にまで収縮する。私たちは今後一〇〇年の間どのように「縮小」していくか。本章では、都市論の観点から、これまで見てきた第一章と第二章と同じように、「政策型思考」により安倍政権の公共事業政策に批判的に対峙していくという形で見ていきたい。

日本はどのように生きていくか。このような課題に対して真正面からの政権構想として回答された計画論が戦後二回あった。一つは第二章でもふれた田中角栄の「都市政策大綱」（日本列島改造論、新全総に影響を与える。以下「田中モデル」）であり、もう一つが田中の盟友であり後に総理大臣となった大平正芳の「田園都市国家構想」（三全総の定住圏構想に影響を与えた。以下「大平モデル」）。なお、規制緩和と市場を強調した中曽根内閣時代の「アーバン・ルネッサンス」（四全総）や橋本内閣時代の「国土軸」（五全総）には今回の参考になるような都市論は見られない）である。

この二つが良くも悪しくも日本の国土空間・都市を考える際の、正反対の原型的なモデルであり、おそらく私たちの「未来モデル」（仮称・総有と市民事業）もこれを抜きにして考えることはできない。

■田中角栄の都市政策大綱

田中角栄の『都市政策大綱』（一九六八年）は、本文はわずか九一頁という短いものだが、巻末に「人口、生産所得、インフラ、生活水準、産業、エネルギーなどの都市政策、地価、国有地の利用状態などの土地政策、大都市集中、大学・工場、公園面積、高速鉄道、住宅、ゴミなど大都市対策、地方・地域別の人口や雇用、農地などの地方開発の方向」などに関する資料がおよそ三〇〇点もつけられるという異例の本である。

　これは彼の政治スタイルを表している。彼は理念だけを説くアジテーターではなく、まさしく政策型人間なのであり、政策を実現するためにはその対象を可能な限り数値[1]化し、その具体化を政策（法律、財源、組織の確保）として考えた。この都市政策大綱や引き続く日本列島改造論に対してさまざまな方面から批判がなされたが、当時、ほとんどがイデオロギー的なそれか、政策の実行に付随して現れた地価高騰や公害等に対するもので、この「数値」の検討はもちろん、数字を示して反論した例は皆無であったことを強調しておきたい。

　彼の問題意識は「前文」に簡潔にこう謳われている。「産業構造の高度化と、それにともなう激しい都市化の流れは、大都市地域における過密や地方における過疎の弊害を激化させ、国民生活に不安と混乱を与えている」。新潟県の雪深い辺鄙な田舎から出てきた田中にとって、故郷の喪失はいかにも無念のことであり、それを防ぐため「巨大都市」は何としてでも阻止しなければならなかった。

　そこで「重点項目」としたのが次の五つである。

1　新しい国土計画の樹立と、法体系の刷新

2　大都市住民の住宅難、交通戦争、公害からの解放、立体化・高層化による都市再開発の重点的推進――都市の主人公は工業や機械ではなく、人間そのものである。人々に緑と太陽と空間の恵沢をもたらし、就労と生活の喜びを与える都市社会を形成しなければならない。

3　広域ブロックの拠点都市の育成、大工業基地の建設――日本列島全部を都市政策の対象としてとらえ、大都市改造と地方開発を同時に進める。

　大都市に対しては人口・産業の過度集中をできるだけ抑制して、税制や財政を活用することにより、都市機能を分散させる。同時に、性能の高い交通・通信網を整備することによって新しい産業拠点を地方に建設し、また、広域ブロックの中心となる拠点都市を形成し、人口を地方都市に定着させ、集落の再編成をはかる。これについては一部、第二章でも紹介した。

4　公共優先の土地利用計画と手法の確立――公共

の福祉とは、国民、あるいは地域住民の利益と読むべきである。私権を絶対とする社会通念は改められなければならない。個人の土地所有権を絶対としている限り、地域住民にとって住みよく、安全な社会を築くことは困難である。

5 資金の確保

以上の都市政策は、例えば都市の高層化が都市計画法や建築基準法の「容積率」に、工業の再配置が「工業再配置法」に、資金の確保が「道路特定財源」などになり、大工業基地の創設とネットワーク化が後に日本列島改造論の「高速道路、新幹線、ダム、干拓」などの公共事業として集約されていった。要するに田中モデルの本質は、ヒト、モノ、カネの流れを巨大都市から地方都市に逆流させるということであり、その受け皿として地方に二五万人都市を考えたのである。(2)

■大平正芳の田園都市論

これに対して大平正芳の田園都市論は、その発想の方向を全く逆にしている。大平が初めて田園都市国家構想に触れたのは一九七一年の宏池会会長就任時の議員研修会での「潮の流れを変えよう」であったといわれるが、公式に表明したのは七九年の総理就任後初の国会での「施政方針演説」においてであった。(3)

「潮の流れを変える」とはどういうことか。田中モデルの背景には「人口増」と「高度経済成長」があった。しかし、都市政策大綱と日本列島改造論は田中の政策意図とは逆に「地価高騰」や公害をもたらし、巨大都市への集中はストロー効果などによりますます加速された。これを田中の側近として間近に見ていた大平は、折からの「オイルショックと戦後初めての低成長」という大きな時代の変化の中で、日本の「開発文化」そのものを変えなければならないと考えたのである。その原点として、大平が四国・讃岐平野の出身であったこと、明治期の内務省地方局有志が出版した『田園都市と日本人』を読破し、イギリスのエベネザー・ハワードの田園都市思想の影響を受けていたこと、さらにもっとも根源的には「クリスチャン」であったことなどが指摘され(4)

ている。

田中との対比で興味深いことではあるが、それはともかく彼の言う田園都市とは、「私は、都市の持つ高い生産性、良質な情報と、民族の苗代ともいうべき田園の持つ豊かな自然、潤いのある人間関係を結合させ、健康でゆとりのある田園都市づくりの構想を進めてまいりたい。緑と自然に包まれ、安らぎに満ち、郷土愛とみずみずしい人間関係の脈打つ地方生活圏が全国的に展開され、大都市、地方都市、農村漁村のそれぞれの地域の自主性と個性を生かしつつ、均衡のとれた国土を形成しなければならない」というものであった。そしてその政策立案にあたっては、

1　政策はすべてこの理念に照らして吟味される

2　基礎自治体の自主性を尊重する

3　政策は事業だけでなく教育、文化などを含めすべての人間の営みを包摂する

としたのである。ここには田中モデルに対する強烈なアンチ・テーゼが読み取れよう。

ただ、この構想は肝心の提唱者である大平が一九八〇年のダブル選挙の最中に急逝したこと、オイルショック後の日本の経済が半導体などの開発と発展により急速に回復したことなどもあって、ほとんど日の目を見ることもなく消えてしまった。(5)

■絶対的所有権を超えて

さて、二つのモデルの類似点と相違点が見えてくる。これを日本の未来の都市設計との関係で総括しておきたい。

1　彼らの国土空間論・都市論はいずれも後に総理大臣となる政治家が国政の最大課題として政策目標に掲げたものであり、これを立案・実行していくために官僚はもちろん、学界、経済界などから衆知を集めた。特に大平の田園都市論は当時少壮・新進気鋭の学者を集めたことで、いわゆるブレーン政治の嚆矢となったと言われている。

2　都市政策大綱も田園都市論も同じ「自民党」の政策でありながら、まさしく対極的である。この政策の相違は、現在の自民党と民主党の相違よりも大きいかもしれない。この対極を生み出したのはその

生まれた環境も含めて一つには自らの哲学、もう一つは時代の認識である。ちなみにいえば、それらを包含し、実行に移していく「自民党」という政党の底深さを民主党も学ぶべきであった。

3　ここまでは類似点であるが、その手法は全く異なった。田中の場合、その原動力はあくまで政治・官僚・中央集権・ゼネコンであり、それを実現するために前に見たようにたくさんの法律・財源・組織を準備した。その骨格の強固さは、それらが五〇年近くたった現在でも継続していることに証明されている。大平の場合、その主人公として念頭にあったのは自治体である。田中モデルは公共事業に見られるように、その手法はあくまで人工的であり、国土空間を縦横に切り裂くのに対し、大平モデルの場合はその「水系主義」に見られるように、あくまで地域の「川」を核にしてきた日本古来からの生活様式を再評価し、自然との共生を図ろうとしたものである。もっとも、残念ながら彼の田園都市論は「哲学」に終わり、具体的な政策はほとんど打ち出されなかった。大平の急逝ということもあるが、人類学者梅棹忠夫、劇作家山崎正和、政治学者香山健一というブレーンたち（どちらかというと、経済や法律という実務の分野とは無縁の文化人）の限界もあったのかもしれない。

4　そしてもう一つ、双方がこのように正反対の絵を描きながらもそこに共通するものとして、どのように利用し、またどれだけ儲けようと、さらに誰に譲渡しようと、原則として「自由」とされている日本の「絶対的土地所有権」をターゲットにしているのは大変興味深い。土地所有権のあり方は日本の国家の動向を左右するのであり、これは後に見る筆者の総有論と関係していく。田中は「公共の福祉による制約」を、大平も「大都市中心部においては、例えばイギリスに例を見るように、日本も使用権を公共目的から強く制約する方向で、土地の所有権と使用権との分離を検討する必要がある」として強くその制限を掲げていたことに留意しておきたい。東日本大震災からの復興の遅れも、この「絶対的土地所有権」と関連していて、この克服が最大の課題となっているのである。これが総有論とつながっている。

■東日本大震災の衝撃

三全総は実りなきまま終焉を迎え、日本経済は復活し、都市論は日本を超えて世界都市を目指すようになる。しかし中曽根四全総では、国土・都市空間は規制緩和の波の中、ただひたすら市場経済に翻弄されるだけのものとなった。そして橋本五全総を経て、全総計画そのものが中止された。

この間、国は、「都市再生法」などいわばゼネコンが考える超高層建築をそのまま是認する民間主導の都市計画を推進する一方で、自治体を主にする「景観法」を制定するなど、若干の新たな政策展開も見せた。しかし所詮それらは長期的な日本国土の全体を構想したものとはいえず、その後の膨大な論や政策はただただ空中に漂うだけのものとなった。そしてそこに東日本大震災が襲い、ここ数十年の国土と都市の現実がいかなるものであったかを白日の下にさらしたのである。

この中で最も重視すべきは、日本の国土・都市はいかにも災害に脆いものであったということである。特に「原発事故」については田中・大平モデルを含むすべての全総計画で全く想定されていなかった点を強調したい。彼らの計画論には、エネルギー産業の中核としての原発は存在したが、その破綻は全く眼中になかった。そのツケを私たちは震災後二年半たったいまなお一五万人の避難者がいるという形で体験しているのである。原発事故を含む災害対応は日本国家全体で取り組むべき喫緊の問題であることは言うまでもない。

次に見ておきたいのは、これまでたくさんの計画論が立てられてきたにもかかわらず、復興の形が今なお見えないということであり、その最大の問題点は既存の計画論には人口減少の下でどのように国土・都市設計をするかという観点がこれまた不在だったということである。

筆者が本章で提唱する「総有と市民事業」は、結論から先に言うと、この例のない災害列島の確認と人口減社会の到来という全く新しい事態に対応すべく、田中・大平という過去の二つのモデルを超える理念と方法を提示しようというものである。

未来への灯火は、敗北の中に、そしてまさしく細部から生まれてくる。これを被災地である岩手県陸前高田市と宮城県石巻市を例にとって見ていきたい。ここには未来モデルの明暗がくっきりと浮かびあがっている。

■区画整理――震災復興における「田中モデル」

陸前高田市は七万本の防風林がなぎ倒され、たった「一本の松」しか残らなかったことでテレビでもおなじみである。この市は、震災前は人口二万四二四六人の農業や漁業を主とする小都市であり、災害によって死者一六五六人、行方不明七二人という被害を受けた。海岸沿いの建物は市役所も含めほぼ全滅した。そこで市は「海と緑と太陽との共生・海浜都市の創造」を復興の目標にし、新たに人口二万五〇〇〇人のまちをつくると宣言し、国もこれを支援すべく全力投球し始めた。

支援がいかにすさまじいものであるか、「予算」ひとつをとってみただけで明らかだ。震災前のこの市の一般予算は一〇八億円であった。これが二〇一三年度は当初予算で一〇一九億円となっている。何と一〇倍だ。予算は政治を数字化するものである。一〇倍という数字は支援ということの意味を再確認させるものであり、それは必然的にこれまでの政治・行政を一変させる。市ではこれまで考えたこともなかったような防潮堤、三陸縦貫道、国道、鉄道などはもちろん、公営住宅、学校、病院、そして公園などあらゆる公共事業に取り組むようになり、このため国や他の自治体から大勢の応援隊が送り込まれた。

復興事業のなかで特に目につくのは、区画整理である。ここでは六二六ヘクタールが市街地復興推進地域に指定(都市計画決定)され、二〇一三年二月、そのうち、幅員二五メートルの道路を基軸に、住宅戸数一八二五戸を予定する高田地区一九二・四ヘクタール、今泉地区一二四・三ヘクタール(合計三一六・七ヘクタール)が区画整理事業として都市計画決定された。

区画整理は、関東大震災の時の後藤新平以来、阪神・淡路大震災でもいわば復興の目玉商品となってきたが、今回もこれが大々的に採用されている。しかし今回は、この事業が復興の成否を決定しかねない大きな危険性をはらんでいることに警鐘を鳴らしたい。

国土交通省によれば、陸前高田市を含めた被災二四市町村の五八地区で、合計三四八〇ヘクタールの区画整理が予定されている。まず第一の疑問は、この「広さ」である。三四八〇ヘクタールと簡単に言うが、これは戦後日本最大級の開発と言われ、三四万二〇〇〇人の人口を想定した多摩ニュータウンの二八一九ヘクタールをはるかに超えている。陸前高田市の三一六ヘクタールも、阪神・淡路大震災で行われた区画整理が二〇カ所、二五六ヘクタールであったことと比べると、いかにも「広すぎる」ことがわかるであろう。ちなみに、神戸市は当時でも人口一〇〇万人を超える大都市であったのに対し、陸前高田市はなんとその五〇分の一にすぎない。

第二は、工事の困難さである。神戸の場合、区画整理は平坦な市街地で行われた。しかし、今回は地震や津波で地面が陥没したところが多く、区画整理とかさ上げが同時に行われるところが多い。これも国土交通省によると、かさ上げ地区は女川の一六メートルを筆頭（平均五メートル）に岩手、宮城、福島三県で三七地区六五〇ヘクタールとなっている。そのため、工事用に大量の土砂が必要であり、費用も膨大で、完成時期も早くて五年後などといわれているが、神戸市ですら区画整理が終了したのはなんと一六年後であった。被災者、特に高齢者にとってこの時間の長さは致命傷となる。

次いで、第二章でみた費用対効果。区画整理とは、最終的に保留地を売却して費用を回収するという意味で、地価の上昇と売却が前提条件となった制度である。石巻市雄勝町では地区を出ると答えた人が五八％、東松島市の宮戸地区では五五％、田老地区では四八％がもう元に戻らないと答えている。陸前高田市もすでに実数一万八〇〇〇人に減少している。政策目標である二万五〇〇〇人など夢のまた夢というのが現実なのだ。したがって、一部高台などで値上がりしているところもあるが、全体的に地価下落は必然である。区画整理が完成する頃にはいたるところが空地となり、国からも見放された自治体は維持管理費の増大の中でなす術《すべ》がないという「悪夢」を想定せざるを得ない。

また、その手続きにも問題が多い。確かに陸前高田市は住民に対して区画整理の説明会を行ったが、それは事業の概要を説明するだけで、その説明の意味を理解する住民はまことに少なかったと思われる。区画整理によって現土地所有者は減歩《げんぶ》として高田地区では八六・六％、今泉地区でも八九・五％という土地がとりあげられるともいわれている。また換地により今後それぞれがどこに移転できるかわからない。被災者は、はたしてこのような計画をすんなりと受け入れるであろうか。いずれ訴訟を含めて大荒れになる可能性が大きい。

最後に、仮に区画整理がうまくいったとしても、その結果でき上がる町はどのようなものであろうか。区画整理というと大きな道路、そして整然と区画された敷地というのが通常であるが、そこにどのような家を建てるかは所有者の自由とされている。このようにしてできたまちがいかにも冷たいちぐはぐな風景になることは、神戸の復興に見られるとおりである。自然と共生し、地域の文化や伝統を継承したかつての東北の美しい街並みは「幻」になるという予感が的中しないことを祈ろう。

区画整理は、上から目線で膨大な時間と費用をかけて行う、いわば「田中モデル」の公共事業といえよう。

■自立復興と市民事業

これに対して、少数だが「田園都市」型の復興も見られる。

(1) 石巻市北上町白浜復興住宅

ここのリーダーは、被災によってすべてを失った建設業・熊谷産業の当主、熊谷秋雄である。熊谷産業は北上川の葦を利用して長年、中尊寺や弥彦神社など国宝・重要文化財クラスの屋根の修繕などを行ってきた。被災して彼が最初に感じたのは、「仮設住宅」は被災者を人間として認めていないということであり、何よりもお仕着せの住宅に抽選で入居者を入れるという国や自治体の安易さと「形式平等主義」の理屈に腹を立てた。そこで、モンゴルからパオを購入して当面の苦難をしのぐとともに、国や自治体を当てにせず自力で、近くの高台に被災者のための伝統的工法による木造一戸建てを建築する、と決意した。

　その思想と方法は、後に見る筆者の「総有」そのものである。このプロジェクトの狙いは、地元に古くから伝わる「互助精神ある共同体」を維持するというものだ。まず原木供給、製材、プレカット、設計、施工などを行う一四社が任意団体（総有主体）をつくり、自ら施主及び施工業者として事業を行う。このような事業を、これまで見てきた国や自治体が行う公共事業と区別する意味で「市民事業」と呼ぼう。土地を地元の地主から借り、宮城県の「伊達な杉」を用い、地元大工の軸組工法による平屋や二階建て、合計一一棟の本設住宅を建設したのである。そして被災者（漁民が多い）の家族、職業、収入などを考慮して家賃を決め、賃貸した。

　なお、この事業には東京の工学院大学が学園創立一二五周年記念事業「美しい村再生プロジェクト」として資金や建築設計などで支援したが、有効な民間支援のあり方として注目されてよいだろう。現在、このプロジェクトはすべて終了し、北上川の上流の高台に極めて美しい集落が誕生し、豊かな暮らしが開始された。これは、被災者らが自力で復興を果たしたプロジェクトとして最もすぐれたモデルの一つである。

（2）　陸前高田市広田町長洞地区＝元気村

　陸前高田市広田町にある長洞集落は、先に見た市の区画整理地からかなり離れたところにあり、六〇世帯約二〇〇名が住む半農半漁の小さな集落であった。ここも津波で二八戸（九七人）が全壊の被害を受けた。被災者は自ら仮設住宅用地を探し、「集落の地域コミュニティを守る」という観点から「自治会＝元気村」を結成し、市とねばり強く交渉しながら、抽選方式ではなく地域住民全体が一緒になって入居する仮設住宅を勝ち取った。「形式平等」を修正させたのである。

　仮設住宅の中心に廃材を利用したウッドデッキをつくり、これを集会やイベントなどの交流スペースとし、コミュニティ空間にした。もちろんここの人にとって集落の祈りの中心である「恵比寿の杜」の整備は当然であり、「人は一人では生きていけない」が被災から学んだ最も貴重な教訓である。被災直後から現在まで食料やガソリンの共同管理、地元民家の座敷を借りた高校生ボランティアを含む児童・生徒三四人の学童教育(寺子屋)、土曜市、中越などの被災地の視察、コンサート、炊き出し、法律相談など、コミュニティを強化するための質の高い共同作業を行ってきた。

もちろんここの仮設住宅もいずれ明け渡しをしなければならず、「高台移転」を迫られている。住民は再び地主と交渉して用地を確保し、賃借りすることにした。行政当局による災害復興住宅を当てにせず、自ら住宅を建築する自主再建を原則にし、全員が同じ場所に移転するというのが目標だ。しかしこの高台移転も高齢者、二重ローンの解消などの内部問題や、一定以下の面積の土地は認めないというような行政の方針のため、一緒に移転できない人も出てきていて、悪戦苦闘というのが現実である。

元気村の村上誠二事務局長(学校事務職員)によると、これまで活動のほとんどのエネルギーが、仮設住宅の抽選に象徴される「行政」の「形式平等主義」との闘い、説得、調整に費やされてきたという。市役所に行くとそれは県の方針だといわれ、県に行くとそれは国の決定だといわれる。そこで国に行くとこれがまた国交省だ、厚労省だ、復興庁だとたらいまわしにされ、いつの間にかあやふやになって消えてしまう、ということの連続だったという。住民はまず被災により避難施設で疲労し、仮設住宅で極限の生活を強いられ、最後に本設住宅へ三回目の引っ越しを強制される。高齢者は短期間に三回も引っ越しすると命が持たなくなるという阪神・淡路大震災以来の教訓は、今回もほとんど生かされていない。

コミュニティはこのような困難を乗り越える最大の武器である。そしてその源泉は、この集落が営んできた「祭り」にある。祭りは古くから全員がそれぞれの役割に応じて技や力量を比べ、分担して参加することで生きがいが生まれ、団結が強化される。これが今日につながっているというのが村上さんの持論だ[6]。

被災者が自分の地域で文化・伝統を守りながら懸命に生きる。これは田中モデルにはないものであり、まさしく大平モデルに近いものといえよう。

■総有と現代的生存権の提案

筆者は震災直後、当時の民主党政府のもとに設置された東日本大震災復興構想会議の検討部会のメンバーとして、会議に二枚のペーパーを提出した。その一つが「総有」（昔で言えば入会、現代風に言えば市民・民間・自治体などの協同した力）の提唱であり、もう一つが「現代的生存権」の構築である。総有は旧来的な個別絶対的所有権のもとで、復興は区画整理以外にないと執拗にこだわる法務省と国土交通省に強く拒否され、現代的生存権は生活保護すら切り下げようとする厚労省などから冷たく無視された。しかし、これら二つの実例を見ると、この提案は今もって被災地の復興に役立つと確信するので、ここで紹介しておきたい。

「総有」を提案するのは、被災地の一人ひとりが個別所有権にこだわると復興ができないという単純な事実に基づく。個別所有権のもとでのまちづくりは、まず、所有権者の確定（相続・行方不明者・避難者）、地籍の確定（登記簿謄本の面積と実態のずれ）、境界画定（公と民、民と民）などが不可欠であり、これが大変な作業であることはしばしば報道されているとおりである。次は、基本的に土地の利用権は自由とされているのであるから、そこが危険地であろうと所有者は建物を建てる権利があり、むやみに高台などに引っ越しなどを強制されるいわれはない。仮に高台移転や区画整理に合意したとしても、そこをどのように利用しようと、あるいはしまいと、これまた自由であって、行政がその土地利用を拘束することは原則的にできない。しかし、これでまちは復興できるであろうか。第一章で見た復興の遅れはこの「絶対的土地所有権」に帰するといっても言い過ぎではないのである。

そこで、このような困難や破綻を避けるために、まちづくり公社（企業、NPO、組合などでもよい。ただしゼネコンなどの外部団体ではなく被災者が中心メンバーとなることが条件）が主体（前記白浜住宅の任意団体、長洞の元気村など）となって、一つひとつの土地所有権に固執しないで、一定の地域を全体で一つとして借り上げる。すなわち、まちづくり公社と各所有権者との間で「定期借地権」の合意ができたところから少しずつまちづくりを進める。先の二つの事例がその典型である。その際、まちづくり公社は各人が土地（借地権）に家を建てるのを援助するだけでなく、関係者が多数であれば統一的・全体的なまちのありようを設計し、この建設（建設・土木・内装工事、金融や登記まで）と運営（地代の徴収、テナントの募集、介護や子ども施設づくりと運営、バザールや祭りの復活など）を行う。運営の中では建築した建物の一部を、例えば商店街として賃貸しするなどしてテナント料を集め、その収益を公共施設の建設や各種のサービスとして分配することなども、内部の利益を図るというだけでなく地域全体の復興という観点からも大変大切な仕事だ。

このように、地域の土地を全員で共同利用し、運営し、利益を配分していく。これを「総有のまちづくり」として提案したのである。

二つめは「現代的生存権」の問題である。今回の復興にあたって国は膨大な復興資金を用意しているにもかかわらず、被災地がいかにも貧困といった症状を呈しているのは、これまで見てきたようにその資金の大半がインフラや一時しのぎの資金に使われたり、外部にバラまかれたりしているからである。資金が被災者の生活、特に住宅にダイレクトに届いていない。そしてこの間収入を失った被災者は、しだいに生活に困窮し、「生活保護」を受けるようになっていく。

生活保護とは本来、困窮した人々に対してとりあえず税金で生活を支えるが、それはあくまで明日の自立を期してということであった。ところが現状では「義捐金」すら収入とみなされる（生活保護が打ち切られる）という過酷なシステムの中で、人々はいかにも脱出口のない状態に追い込まれていく。働いた分が生活保護から差し引かれるのであれば、働かない方が楽だと考えるのは理の当然であろう。外に出なければ体は弱り、精神も病んでいく。これは端的に生活支援が国と被保護者という「二者」の関係だけで構築され、しかも基本的に現金給付を原則とするという構造から生まれているのではないか。そこで新たな生活支援の方法を考えなければならない。これが現代的生存権の問題提起である。

具体的にいうと、まず先の「まちづくり公社」を国と住民の中間にある組織(自治体もそのような組織の一つであるが、自治体自体の損傷もひどいうえ、民間の知恵が入りにくく、複雑かつ縦割り的な体制と単年度予算では、以下のような事業を行うに限界がある)として位置づける。まちづくり公社は先に見たように建物を建てるというだけでなく、被災者全員でまちづくりを行う組織であり、ここには「公共性」(新しい公共)が認められる。したがって、ここに「補助金」(地権者やその他参加者からの出資、ファンド、寄付金などを含む。名目はともかく自由裁量で使える資金)を投入したい。まちづくり公社はそのような資金をもとに、地域の実情に応じて地域全体で必要になる作業所、教育・介護施設、農業や漁業、そして商店街の復興を展望し実現していく。これが市民事業である。

市民事業には生活保護受給者、障害者、高齢者その他社会的な弱者の参加を促したい。まちづくり公社は彼らに対して雇用の場を確保し、その労働の性質や程度に合わせて公共サービスを提供し、また報酬を支払う。既存の生活保護システムとの違いは、その報酬を生活保護費から差し引くのではなく、生活保護受給者の自立資金として蓄積し、自立させていくという点にある。

まちづくりは、建築や土木といったハードなものだけでなく、若い人が働いている間の子どもの遊びの手伝い、高齢者への食事の提供、観光客への土産《みやげ》品の製造、生産品の宅配便の梱包など山ほどある。本質的なことは、人は誰でも自分が役に立っていると認められ、感謝されることが「生きがい」となるということである。まちづくり公社は参加者を「死ぬまで」面倒見るというのが「現代的生存権」の骨子なのである。

先ほど紹介したいくつかのプロジェクトは、みんなで作業し、みんなに利益を分配し、享受するという総有を実践するものであり、ここでは高齢者や子どもは特に大切にされていた。被災地では自分の力だけで生きていくことは不可能であり、みんなで力を合わせていかなければならないということは「自明の真理」となっている。現代的生存権は総有と不可分一体となっているのである。

そして、そういう目で被災地をよく観察してみると、総有や現代的生存権などと大仰なことは言わなくても、いくつかの農業や漁業分野で、あるいは南三陸町の中心に特設ステージをもつ「さんさん商店街」などで、実質的にもうすでに実践されているということに気づくし、私たちはここに市民の力と希望を見いだすことができるであろう。

この論理をズームアップして言うと、日本の山林、川、海などはかつての乱開発の時代と異なってだいぶ整理はされてきているが、それでも美しい自然あるいは自然と人間の共生という視点からいえば、公有地と民有地を問わずいまだに荒れ放題のところが多い。特に、防災にとって最も肝心なのは強い自然をつくることであり、この解決も一人ひとりの力だけでは無理で、総有が必須となる。

次いで中山間地、農地あるいは限界集落。どこでも事態は深刻である。とりわけＴＰＰ(環太平洋連携協定)による市場開放(関税撤廃)は、農村、林業などを壊滅状態に追い込むだろう。ここに若い労働力を結集させるためには、何よりもそこで労働したり、居住したりするための「魅力」が必要である。魅力は農作物を「つくる」というその根源にあることが不可欠であるが、それだけでなくそれを加工し、販売する、つまり六次産業化することによって倍加されていく。このプロセスは集団の作業を必要とし、その集団作業があらたに地域共同体を再生していく。ここには「文化」がなければならず、さらには祭りを強化するために「信仰」も求められよう。神社や寺、それに関連する祭りは、被災地で最も強力な再生の活力源であった。

そして都市。ここも田中時代と状況は一変し始めている。田中時代、都市では押し寄せる人口に対処するため高いビルが選択された。高さ制限に代えて周囲に空地をとる容積率を採用し、フランスの建築家コルビジェ風の「広場、緑、太陽」をつくるのが獲得目標となった。しかし、このような利便性や機能性だけを目的とした開発が人々の「孤立化」を生んだ。また、田中モデルの都市建設はエネルギー、食料、教育、医療・介護といった人が生きていくうえで不可欠な要素をすべて「他所」にゆだねるというものであった。福島原発事故は、放射能の脅威や原子力ムラといった不可解な政治システムの存在といったことの他に、東京のエネルギーをすっかり福島に依存していることの「不条理」を教えたのである。福島のたった一カ所が壊れれば東京はもちろん、日本全体が一挙に崩れる。このようなモデルはもう通用させるべきではない。

建築家の山本理顕は、長年建物を設計し続けながら、「一世帯一住居」、そして隣近所と無関係にしてプライバシーを守るという日本全体の「システム」に違和感を覚えてきた。現代の建築は、人も家も「社会的」なものだという意識がなく、人を器の中に閉じ込め、エネルギー、食料、介護などのシステムを全部他人まかせにして成り立っている。孤独死やマンションの放棄はこの構造の必然であり、これを打ち破らなければ二一世紀の建築は再生できない。

例えばマンションは今後、日照・通風を良くしてエネルギーを節約し、画一的な住居の箱の積み上げにするのではなく「まち」にしていく。すなわち、マンションの中庭にマーケットや作業所をつくり、子どもの遊び場やおしゃべり、ホームパーティの場にする。住居部分も一人世帯から大家族まで多様なものにし、共有スペースを大きくし、さまざまな形でコミュニティを形成させる。もちろん商店街を入れてもよい(7)。

一つひとつの建物が、住居、事務所、店舗などという単一機能を持つ箱ではなく、このような「まち」になっていくとしたら、従来からの交通、エネルギー、商店街、働く場所、人間の交流などを一変させるであろう。これはいわば、都市的総有の未来図である。

こうして総有は、被災地だけでなく日本全国の「未来都市」を切り開く大きなキーワードとなる可能性を持っていることが確認された。

■総有法体系のイメージ

しかし、総有にもまだまだ未熟な部分がある。最大の問題は、このような運動がほとんどいわばゲリラ的に各地で自発的に取り組まれているもので、法的な裏づけのない不安定なものだということである。前述の白浜住宅や元気村は、法的な確たる主体ではなく、これでは補助金の受給、金融機関からの借り入れ、地主との賃貸契約、建築や各種の契約などなどについて大きな困難が伴う。またこれらの団体は外部からはよく見えず、社会的にうまく機能していくには十分とは言えない。

そこで、この「総有」をもう少しシェイプアップしなければならないのであるが、何と言っても障害になっているのが法学界の民法・物権法の「総有」概念である。法学界では総有はいわゆる「入会権・温泉権・漁業権」などの前近代的で封建的な概念という観念が強く、これが検討部会での法務省などの強い抵抗の根拠となっていた。しかし私がここで主張しているのは、旧来の入会権を復活せよというのではなく、現代的な新しい総有のルールをつくろうということであり、それは民法でも承認されると考えているのである。

周知のように、民法は明治時代につくられた法律である。ここでは個別所有権(同法二〇六条以下)のほかに、共有(同法二四九条以下。複数人が所有権を持ち、各人は持分権を自由に譲渡することができる)、そして総有(同法二六三条以下。複数人が所有権を持つが、共有と異なって持分権を持たない)の三つの異なる所有権が規定されていた。新しいルールの創造にとって参考になるのは、このうち共有の歴史である。

明治時代、共有の前提となっていたのは「長屋」であった。しかし、今日「マンション」が発明され、複数人が所有権を持つという構造は長屋とは比較にならないほど複雑なものとなる。そこでこの新種商品を人々の生活に対応させるために、新たに「建物区分所有法」が制定された(一九六二年)。そこでは、長屋では考えられなかった共有主体としての管理組合の創設や、維持管理さらには建物解体のルールなどが定められ、共有の面目を一新するようになったのである。これと同じように、総有についても先のような実践例を普遍化すべく、新たに「総有法」を制定しようというのが筆者の主張なのである。

その重要キーワードを指摘しておこう。

第一は、主体についてである。土地所有者・地域住民を中心に、それにプラスして専門家、自治体、あるいは金融機関、さらには地元業者などを含めて民主主義的な組織として構築される。共有との根本的な違いは、共有者はそれぞれが「持分権」を有し、管理組合の承認なくしてそれを他に譲渡することができるのに対し、総有ではそれができないという点にある。つまりその権利は組織内にある限り保障されるが、組織外に出ると権利がなくなるというもので、ここでは共有よりも強く組織法の原理が貫徹される。

第二は、総有主体は建物の管理だけでなく、これまで見てきたように地域全体の事業を行う主体でもある。事業主体となるという点で自治体と、公共性を追求するという点で株式会社と、営利も追求するという意味でNPOと異なる。現在の組織形態で最も近いのは「組合」である。組合は関係者が全員参加し、一人一票を持ち、計画、事業、管理のすべてに個々人が責任を持つという意味で、従来からの農協、漁協あるいは生協などの組合と似ている。ただし、その民主主義は従来の協同組合法よりはるかに徹底される。

第三は、事業主体が公共性を吟味されるのは当然だが、すでに空地や空室となっている「所有権」に対して、ある種強制的な土地利用権の活用権限を持つことができる。すなわち自治体は総有主体の事業目的と空地・空室の状態を見比べながら、その必要ありと認めた場合には、法の適正な手続き（土地収用法などを参照しながらもっと簡便なものに変える。被災地ではいくつかの工夫を行っているが、これも参考になるだろう）のもとで、所有権は土地所有者に残すが、適当な対価を支払うことを条件にその利用権を強制収用することができる。これはマンションの再建にあたって居住者の五分の四の賛成で建て替えができるという建物区分所有法の論理と共通性を持つ。

第四は、総有の本質はここまで見てきたように「自治」にある。しかもその自治は往々にして既存のルールと衝突する場合がある。被災地で言えば、理想的なまちづくりを行おうとすれば、まず区画整理を廃止し、さらに既存の用途ごとに定められた従来の都市計画規制を外し、郊外地であれば、場合によって農地法に基づく転用を実行しなければならない。これは既存システムに対するある種の闘いであり、総有論の自治は運動概念でもあるのだ。

総有法は、このようにして未来的な都市の基本法となる。そこには、自治、民主主義的な組織論と運動、さらには共同責任など未来社会の一般的なルールが凝縮されて貫徹されるであろう。さらにこれを都市と国土の全体的なシステムとして完成させるためには、もちろん田中モデルのように計画、事業法、組織法、そして資金のシステムなどの再構築が必要となる。

これについて少しコメントしておくと、計画法は上からトップダウンで決められるものであり、事業法は道路法などに明らかなようにすべて新たにつくるという発想でできていて、「中止」とか「市民の参加」という観念を持たない「ゴーゴー立法」とでもいうべきものであった。しかし住民のダム反対運動などにより、河川法は新たにダム計画をつくる際の「環境」への配慮、「住民参加」を義務づけた。当面はすべての事業法にこのような規定を設けることが必要である。組織法もかつての道路公団や住宅公団といった天下り機関からまちづくり公社など市民的な組織に変更される。財源は、道路など特定の事業のみに使われる財源から一つひとつの事業の公共性や有益性を審査するプロジェクト主義に転換されなければならない。さらに、すべてを公的な資金（税金）に頼るのではなく、自らも一定の負担を負うという受益者負担が必要となってくる。自ら負担するものが目に見えるようになれば、その使い道の決定や責任のあり方が明快になってくるであろう。公共事業の市民事業化はこれら全体の変革と並行して新立法として遂行されていくのである。

都市に関する総有化法は一部作業が進んでいる。現在のような無機的な高層ビルの乱立を阻止するために、「景観と住環境を守る市民運動」（代表・日置雅晴早稲田大学法科大学院教授）は都市計画法と建築基準法を改正して「建築確認から建築許可へ」、「個別敷地・建物の単位から総有へ」と転換するよう現在、衆議院法制局と協議しており、成案を得しだい、議員立法として提案しようとしている(8)。

■できるところから始めよう

総有はできるところで、できる範囲内で動き出していく。被災地ではすでに見てきたように、実際にいくつかのプロジェクトが動き出し、それを参考にしながらまた別の組織が動き出す。各地でこのような事業が連鎖していく中から、少子・高齢化時代の都市、そして国土が徐々に顔を出していくというのが私たちの未来都市に対する接近法なのである。

震災復興で見た特区や一括交付金は、第一章で見たように現時点ではうまく機能していない。しかし総有と市民事業のような実験のための中間的な援助装置として位置づけし直すと、射程の奥深い、希望の持てるものに変身させることができる。まちづくり公社はここでは独自の財源を持ち、規制のルールに縛られないで自由にまちづくりを設計できるようになるのである。

復興の目玉商品中の目玉であった「復興庁」も、もちろん原則的には東日本大震災に集中すべきであるが、一方で南海トラフや首都直下型の地震や津波（場合によって原発も視野に入れて）に対応すべく、全国的な防災・減災に取り組むと同時に、他方で、被災地その他から発生してくる総有（運動）に対して援助を行いつつ、市民事業への接合を図る新しい恒常的な組織に発展させていかなければならない。

そしてこのような連続作業が、開発に傾斜した田中モデルと決別し、同時に組織論や運動論を持たなかった大平モデルを乗り越えていく。田中の上からの視点の開発主義は下からの保全に切り替えられる。大平の哲学は自治体レベルにとどまらず、市民のレベルまで下りてきて政策と実践論を持つようになる。新しい人口四〇〇〇万人時代は、このようなプロセスを経ながら平和でエネルギーや食料を自給しつつ、世界と交流しながら最高級の教育を持ち、高度に文化的で、道徳的で倫理的な社会を目指す社会となる。

（1）　参考資料では、「一人あたりの国民所得が九〇万円段階になった場合の主要な生活関連指標」として、「総人口は一九六五年時点で九八四〇万人であるが、二〇年後の一九八五年には推計一億一六五〇万人になる」「六〇歳以上の人口は同じく、一九六五年時点で九五四万人であるが、一九八五年には推計一六七四万人になる」とし、この将来予測の数値を労働力人口、一世帯当たりの平均人員、エンゲル係数、乳児死亡率、水道使用量、ゴミ衛生使用量、公園面積、下水道普及率、乗用車普及率、電話普及率、大学進学率などの各分野にあてはめ、それぞれの政策目標を具体化している。

（2）　下河辺淳『戦後国土計画への証言』（日本経済評論社、一九九四年）は、「五全総に向けて一番関心を持っているのは「小都市論」だ。大都市や農山村は多少なりともやっているがここはやっていない。ここは人口衰退地域で放置されている。しかしここが活性化すれば、過疎地域に対しても過密都市に対してもよいインパクトを与える」として、「小都市」に興味を示している。これは田中角栄の二五万人都市とイコールかどうか定かではないが、人口四〇〇〇万人時代の都市をどうすべきかを考えるにあたって大きな示唆を与える。

（3）　この構想は後に、大平のブレーンであった梅棹忠夫（田園都市構想研究グループ議長。幹事が香山健一と山崎正和で、政策研究員に黒川紀章や浅利慶太が加わっている。アドバイザーは梅原猛、下河辺淳、グレゴリー・クラークら）などにより、大平逝去後の一九八〇年に『田園都市国家の構想』（大蔵省印刷局）としてまとめられた。

（4）　日本の田園都市構想の原型がエベネザー・ハワードの『明日の田園都市』（一九〇二年）である。その思想は、例えばイギリスのレッチワースで「三万二〇〇〇人の人口、土地を共有し、信託財産として管理され、住民の利益のために還元される、運営主体は住民、水路、水力発電、廃棄物を肥料として再利用、食糧の自給を行う、しかもイギリスの伝統的な建築様式を持つ極めて美しい都市」として実現された。

（5）　これについて、香山健一（『田園都市国家の道　田園都市と日本』）は、「二一世紀への日本の長期国家目標は何か問われるならば、軍事大国への道でもなければ、海外膨張への道でもない。美しい自然と人工の調和、温かい人間関係、豊かで、自由で多様な文化に彩られた「日本型田園都市国家」の成熟の道であってほしいと答えたい。この道こそ、日本文化の特質に最もふさわしい道であり、近代を超える新しい国家システムの創造である」という。政治学者香山の政治行動についてはいろいろな批評がありうるが、少なくとも当時の革新勢力がこのような思想を受け止めることができなかったのは、彼らの都市論の欠如とともに残念なことであった。

（6）　このほか、総有の目下の最大プロジェクトである「石巻中心市街地での共同住宅建設」（中央三丁目一番地区でのプロジェクト他三棟、約二〇〇戸のマンションや店舗を建設する）について、拙稿「総有の都市計画と空地」（『季刊まちづくり』三八号）を参照。ここでは総有法の提言も行っている。

（7）　山本理顕ほか『地域社会圏主義』（ＬＩＸＩＬ出版、二〇一二年）。建築家の山本理顕のこのような主張を、都市総有として発展させていく必要がある。なお、筆者と山本との対談「コミュニティ・アーキテクトは必要か」（『建築ノート』二〇一三年四月一日号）も参照。

（8）　野口和雄「都市法改革の方針　建築許可制度への転換を中心にして」（『季刊まちづくり』三八号）に改正案の全容と問題点が紹介されている。

第四章　消費税が公共事業費に化ける

安倍政権の国土強靭化政策では一〇年間で二〇〇兆円という膨大な事業費が予定されている。しかし、日本の一〇〇〇兆円を超えるという世界的にみても異様な財政危機のもとで、これ以上の借金をすることは許されない。アベノミクスは、金融緩和、公共事業による財政出動、そして成長戦略という三本の矢によりデフレを脱却し景気を回復しながら、税収の伸びによってこの借金を返済していくという戦略だが、この戦略は借金の上にさらに借金を重ねる、いわば毒を以て毒を制するというようなものであり、一歩間違うとそれこそ奈落の底に転落しかねない危うさをはらんでいる。本章では、アベノミクスが実は、この危険性を緩和するため、借金だけではなく、税金から一部その財源をかすめ取るという策略も準備しているということを明らかにしたい。

民主党政権の最終盤、当時の野田民主党は、小沢一郎グループの離反という大きな危機(党の分裂、これが最終的に二〇一二年一二月衆院選の大敗北につながった)を抱えながら、それでも消費税増税の実現を図った。多くの国民はもちろん増税には反対であったが、少子・高齢化の時代にあって、安定的な社会保障体制を構築するためにはやむを得ないと考え、大方の人々はやむなくこれを了承した。しかし、それはあくまで年金や介護など社会保障の財源確保のためであって、断じてそれ以外ではない。

ところが、そのいわば目的税・特定財源とでもいうべき消費税を、野田政権のもとで公共事業に転用するという「陰謀」が企まれた。当時の「ねじれ国会」のもとでは、民主党単独で消費増税法案は可決できないため、当時野党であった自民党・公明党の賛成を得るために行われた三党合意という「儀式」の中に、ドラマは仕組まれたのである。

■三党合意

菅政権が二〇一〇年七月の参議院選挙で大敗北した後、「たちあがれ日本」の与謝野馨を担当大臣に迎え、「社会保障と税の一体改革」の議論を再びスタートさせたのは翌二〇一一年三月のことであった。その後、菅政権は野田政権に代わったが、消費税論議は一貫して継続され、様々な曲折を経ながら、二〇一二年六月に関連法案の閣議決定が行われた。しかしねじれ国会のもとでは民主党単独では通せないため、政府は様々な形で自民党及び公明党に根回しをし、その結果、六月一五日に三党合意が成立した。そしてその後、政府は三党合意に合わせて法案を一部修正したうえで、とりあえず衆議院を通過させせようとしたのである。

問題はここから始まる。三党合意の中に「社会保障・税一体改革に関する確認書(社会保障部分)」がある。ここで、社会保障制度改革推進法案については社会保障・税一体改革関連法案とともに今国会(当時の)で成立を図ることとされたが、社会保障制度の具体的な制度設計については、後に設置する「社会保障制度改革国民会議」に委ねる、つまり先送りすることとされた。この動きについて国民は、「国民会議」なるものをいつ、誰が、どのような方法で開くのか全くわからないし、このままでは、民主党のマニフェストの柱である公的年金の最低保障、後期高齢者医療制度なども今後どうなるか一切が不透明である、というような不安を覚えたことは事実である。肝心の社会保障に関する具体策が何もない増税一辺倒だと消費税反対派が批判するのも理由のないことではなかった。

しかし、この法案には、実はこの増税一辺倒の問題点よりもさらに悪質な問題が隠されていた。

■「附則」が入れられる

消費税増税法案の三党合意後の修正個所を新旧対照表で見ると、三党合意の前にはなかったものが新しく入れられたことがわかる。それが「附則」一八条二項である。ここには「消費税率の引上げに当たっての措置」として、こう記されていた。

《税制の抜本的な改革の実施等により、財政による機動的対応が可能となる中で、我が国経済の需要と供給の状況、消費税率の引上げによる経済への影響等を踏まえ、成長戦略並びに事前防災及び減災等に資する分野に資金を重点的に配分することなど、我が国経済の成長等に向けた施策を検討する》

法律は国民に対してその権利を制限し、強制的に負担を強いるものであるから、その文言は日本語の中でも最も正確なものとして書かれなければならない。しかし、この附則は何とも読みづらい。これはいったい何を言っているのであろうか。さらに法曹界の常識に照らして言えば、これを法律の条文としてではなく、通常は経過措置などを記載するに過ぎない「附則」という形式の中に入れたのも実に狡猾である。附則はこのような経過措置などを記載するので、普通、専門家すら読むことが困難だ。衆議院で賛成票を投じた議員は、本当にこの附則を読んだのだろうか。もし知らずに投票したとすれば議員の資格が疑われるし、知っていて投票したとすればそれは国民を裏切る大悪事ではないか。

菅内閣以来、政府はなぜ消費税増税が必要なのかという問いに対して、少子・高齢化のもとで誰もが安心して社会保障の恩恵を受けられるようにするためには、安定財源確保と財政健全化が必要だと繰り返し説明してきた。それは閣議決定の段階で、またそれ以前の法案の時も、何度も開かれた党内の集会でも、絶えず確認されてきている。それゆえ、国民の多くは強い反対の念を抱きながらも、この案を支持してきたのである。言い換えれば、国民の大方が消費税増税に賛成してきたのは、この社会保障に充てるという「一点」を信じたということに尽きる。

しかし、この附則の「事前防災及び減災」は誰がどう読もうと断じて社会保障ではない。これは広い意味で公共事業である。しかもこの分野に「資金を重点的に配分する」というのは、消費税の多くを公共事業に使うという以外に読みようがないのである。附則は、民主党内で多くの離党者が出るようになった激闘のどさくさに紛れて、三党の会議の中でほとんど誰も知ることもない秘密の状態で盛り込まれた。

なぜこのようなことになったのか。誰かのひらめきによって突如差し込まれたのであろうか。何か大きな仕掛けが周到に積み重ねられていて、それが附則の中で爆発したのであろうか。その解答は、起爆剤となったのが、これまで指摘してきたように、自民党の一部が東日本大震災などを横目でみながら、二〇一二年六月四日、衆議院に議員立法で提出した「国土強靱化基本法案」（前法案）である、ということであった。

自民党本部の中に国土強靱化総合調査会がある。この会の会長として「国土強靱化基本法案」を取りまとめたのが、運輸大臣、経産大臣を歴任した二階俊博であり、委員には古賀誠や町村信孝など、昔からの「公共事業族議員」が名を連ねている。そしてこの会に藤井聡京都大学教授、伊藤元重東京大学教授、評論家の石川好などの学者・文化人、石原信雄などの元官僚、そして御手洗冨士夫などの財界人などがブレーンとなり参加していた。法案提出が六月四日、三党合意成立が六月一五日であるから、会の意を受けた誰かが二〇〇兆円の財源を求めてこの「附則」を入れるというアイデアを捻り出し、急遽挿入させたのであろう。

ちなみに、この三党合意の立役者となったのが、政府側は藤井裕久元財務相と古本伸一郎・社会保障と税の一体改革調査会筆頭副会長で、古本議員は党の税制調査会事務局長でもある。官側では当時、何が何でも消費税増税法案を通したい財務省（自民党のほうにも財務省出身議員がいる）が裏で、陰に陽に根回しをしたという観測もある。財務省は、民主党に対しては、この附則を入れても重点配分する「資金」には民間資金も含まれるから公共事業がただちに増えるわけではないと強弁し、自民党に対しては、成長戦略に公共事業はもちろん入っているし、事前防災・減災目的は今や国民全体の課題であるので消費税を使うのも無理なことではないというように、いわば「二枚舌」で調整したのではないか。財務省を含めた関係者の間には　端的に税の使い道などは後で調整すればよいことで、とにもかくにも財源を確保しなければならない、「今」を失ったらしばらくはこのようなチャンスは訪れないというある種の大きな賭けを行った、とも言われている。

消費税は、一〇%になれば税額は一三・五兆円という巨額なものになる。このうち子育て支援など確実に社会保障に充てられるのは二・七兆円で、残りの一〇・八兆円は社会保障の借金返済に充てるというのがこれまでの政府の説明であった。もっと言えば、この一〇・八兆円は全額借金返済に回るわけではなく、社会保障分の増額にも回すと説明していた。しかしこの「附則」によれば、それどころか、一〇・八兆円全部を公共事業に回してもよい、合法である、という仕掛けなのだ。

さすがに参議院などでこの点を追及され始めた民主党政府は、たとえそのような附則があったとしてもそういう使い方はしない、つまり運用で予防すると予防線を張ったが、これは明らかに野暮なレトリックにすぎなかった。消費税率が一〇%に上がるのは二〇一五年だ。自民党の一部の議員は、当時すでに国土強靭化をぜひ二〇一二年の総選挙の目玉にしたいと息巻き、自民党はその思惑通り圧勝した。

しかも、政府も自民党も公明党も、この附則についてはほとんど国民に説明していなかった。これは消費税は社会保障に使われるものと信じてきた国民に対する「詐欺」ではないか。ちなみに、消費税増税法案が可決された二〇一二年の政局に合わせてこの消費税の行方を読むと、次のようになっていた。

当時、政局は極めて不安定であった。消費税のほか、オスプレイ配備と普天間基地問題、TPP、そして選挙区の定数是正など、いずれも政権を揺るがすような大問題が控え、何が起きても不思議ではない状況であった。中でも消費税は、野田政権がいわば命を懸けると言明したように最大課題となっていた。野田政権は、消費税増税は民主党が分裂しても通さなければならない、そのためにはねじれ国会のもと大幅な妥協もやむなく、何が何でも民主、自民、公明の三党の合意を獲得しなければならなかった。仮にこのうち一つの政党でも反対したら消費税増税は破綻し、政権党である民主党は分裂どころか解体につながる可能性があるという中で、自民党のイニシアティブによって「附則」が挿入され、民主党も知ってか知らずか、これに口をつぐんだのであろう。逆に言えば、このどさくさの中で漁夫の利を得たのが国土強靭化推進グループであった。

なお、巨大な影響力を持つ大手マスコミは、総じて消費税増税に賛成してきた。しかし、一部を除いてほとんどのマスコミはこの「附則」のことを報道しなかった。多分、一部報道の後ではそれが公共事業に流用されること、そしてそれが国民に対する大きな背信であることは察知したはずである。にもかかわらず、これを報道すると消費税増税が壊れ、さらに三党合意も壊れる可能性がある、これでは「三党合意を守れ」とキャンペーンしてきた自らの立場も危うくなるから本格的に報道することができない。こうして政治もマスコミも「悪」と知りつつ公表できず、ともに自縄自縛となっていったのである。

■「打ち出の小槌」

「国土強靭化基本法案」が二〇一二年一二月の衆議院選挙の前から準備され、衆議院選挙で自民党が政権に復帰した後、アベノミクスや成長戦略の目玉商品となり、早くも大型予算が組まれたことはすでに説明したとおりである。「国土強靭化を推進する会」は、その財源として原則「建設国債」(借金)を予定している。災害到来の切迫性や危険性を考えると、今や日本はいわば戦時にある。戦争はもう始まっているのだ。そのような非常事態に金がないという理由で軍艦や戦闘機をつくらないなどということは通用しない。だから同様に歳入・歳出などいちいち考慮することなく建設国債を連発せよという。

しかし、建設国債のこれ以上の発行には国内だけでなく国際的にも大きな批判がある。アベノミクス後も日本の財政規律をどうするかは世界中の大論点なのである。このような厳しい状況のなかで、国土強靭化推進勢力にとって「消費税増税」はビッグかつラストチャンスであった。所得税や固定資産税あるいは相続税の増税だけでは、日本はもう一〇兆円以上の財源はつくれない。法人税の増税も、やりすぎると企業が国から出ていくという強烈な副作用が伴う。借金をしないで使える唯一の財源が消費税なのであり、これは思わぬ天からの配剤なのである。

このような思惑もあってか、自民党案にあわせて公明党も一〇〇兆円プランを発表し(防災・減災ニューディール推進基本法案)、肝心の民主党の部会も一六〇兆円プランを準備するようになった。自民党だけでなく、選挙を身近に感じていた当時の議員たちにとって、公共事業は党派を超えて「打ち出の小槌」になって歯止めを失ったのである。

■消費税その後

消費税増税は国会で可決され、二〇一二年の衆議院選挙はこの消費税増税をいつ実施するか、あるいはあくまで廃止するかということを一つの争点として戦われた。しかし結果は、消費税増税に賛成した自民・公明が大勝し、同じくだれよりも強く推進してきた民主党は大敗北を喫した。その後、アベノミクスによる景気回復の波の中(今後破綻する可能性も大である)、消費税増税の実施は目前となった。

二〇一四年四月一日から八%、翌二〇一五年一〇月一日から一〇%が課せられる。では肝心の消費税増税の大前提であった「社会保障の改革」はその後どうなっているのであろうか。

これがいまだ不透明なのである。三党は将来の社会保障システムを制度設計するために「社会保障・税一体改革大綱その他既往の方針」を定めた。さらにそれらを超えて「幅広い視点にたって」(社会保障制度改革推進法九条)具体的な制度設計をすべく、内閣に「社会保障制度改革国民会議」(会長・清家篤慶應義塾大学教授)を鳴り物入りで立ち上げた。しかし民主終盤そして安倍政権になっても、これがどうなっているか全く見えなかった。同会議が最終報告書をまとめたのは、参院選後の八月六日のことである。

筆者は今でも基本的にはこの消費税増税に賛成している。国内の巨大な財政赤字の解消だけでなく、少子・高齢化社会を迎える日本では真実しっかりした社会保障の制度構築が不可避だと考えているからである。しかしこれが社会保障ではなく、公共事業に流用されるとしたら、それは国家による「大きな詐欺行為」である。これを指摘することで「政治」が一旦頓挫するようなことがあっても、それは仕方がない。消費税による財源確保よりも国民の信頼を裏切り愚弄する政治を一掃する方が、今はより重要だからである。

五十嵐敬喜

1966年早稲田大学法学部卒業．前内閣官房参与．現在，法政大学法学部教授・弁護士．著書に『美しい都市と祈り』『美しい都市をつくる権利』(学芸出版社)，『市民の憲法』(早川書房)，『「都市再生」を問う』『建築紛争』『道路をどうするか』(小川明雄氏との共著，岩波新書）ほかがある．

「国土強靭化」批判——公共事業のあるべき「未来モデル」とは　岩波ブックレット 883

2013年10月4日　第1刷発行

著　者　五《い》十《が》嵐《らし》敬喜《たかよし》

発行者　岡本　厚

発行所　株式会社　岩波書店
〒101-8002　東京都千代田区一ツ橋2-5-5
電話案内　03-5210-4000　販売部　03-5210-4111
ブックレット編集部　03-5210-4069
http://www.iwanami.co.jp/hensyu/booklet/

印刷・製本　法令印刷　　装丁　副田高行　　表紙イラスト　藤原ヒロコ

ISBN 978-4-00-270883-6　　Printed in Japan